태어난
김에

화학
공부

태어난
김 에

한번 보면 결코 잊을 수 없는
필수 화학 개념

화학
공부

BARRON'S VISUAL LEARNING

알리 세제르
지음

고호관
옮김

윌북

과학은
어디에나
있기에

학교에서 시험 점수를 잘 받기 위한 공부만 하다 보면 도대체 내가 과학이나 수학을
왜 알아야 하나, 하는 생각에 빠질 수 있다. 학교를 졸업한 뒤에는 전혀 쓸모 없을 것
같은 공식을 외우고 빨리 문제를 푸는 일을 반복하다 보면 아무 보람도 없는 일을 하고
있는 것 같아 회의가 들기도 한다. 이런 경험이 쌓이다 보면 수학을 싫어하게 되고 나는
과학 체질이 아니라는 생각을 하게 된다. 그러다 보면 어느 순간 수학이나 과학과는
상관없는 일을 해야겠다고 결심을 하게 된다.

그러나 그런 생각은 취직을 하고 직장 생활을 시작하면서 바로 무너져 내리기
시작한다. 시험 과목으로 나눠놓은 틀 바깥으로 나오면 세상에 과학과 관계없는 일은
없기 때문이다. 과학은 어디에나 있다. 심리학을 공부하고 관련된 일을 하다 보면 뇌와
신경의 구조에 대해 알아야 하고, 역사를 연구하다 보면 결국 어떤 유물이 몇 년 전
것인지 방사성동위원소 측정법으로 따져야 한다.

하다 못해 주식 투자를 한다고 해도, 예를 들어 배터리 회사에서 전해액을 고체로
전환한다고 하면 그 기술이 얼마나 현실성 있는지 따질 줄 알아야 한다. 아파트나
오피스텔에 입주할 때도 고체음은 어떤 특성이 있으며 어떤 식으로 건물에 전달되는지
이해한다면 층간 소음에 더 유리하게 대처할 수 있다. 귀농을 해서 농사를 짓고 살기로
결심했다고 한들, 어떤 종자를 선택하고 무슨 비료를 뿌려야 하는지는 모두 생물학과
화학에 관련된 문제다. 스마트팜 같은 최신 기술로 농사를 짓기로 결심했다면, 정말
과학 없이는 아무것도 할 수 없다.

이런 식으로 오늘날 우리 사회의 모든 일에는 과학이 스며들어 있다. 세상 모든
일이 과학과 함께 움직인다. 특히나 한국처럼 기술 산업이 중심인 나라에서는 경제의
흐름이나 취직 문제까지도 과학과 대단히 깊은 관계를 맺고 있다. 그렇기 때문에 결국

세상을 살다 보면, 학창 시절에 과학을 좋아했건 싫어했건 과학을 알아가며 지낼 수밖에 없다. 당장 먹고사는 데 꼭 필요한 지식이기에 급히 익히고 넘어가다 보니 그게 과학인지 깨닫지 못했을 뿐이다.

이 책은 그렇게 얼렁뚱땅 넘어갔던 과학 뒤에 깔려 있는 기초를 탄탄하게 다져주는 책이다. 어쩌다 보니 이런저런 기술에 관한 일에 빠져들게 되었는데 도대체 그게 어떻게 돌아가는 건지 궁금할 때, 그래서 처음부터 제대로 이해해보고 싶을 때를 위한 책이다. 보고 있으면 마치 다시 태어나는 것 같은 느낌이 든다. 교과서에 담겨 있는 정보, 학교에서 가르쳐주는 과학의 기초가 차근차근 쌓여 있어 튼실한 기반을 다져준다. "그게 그 이야기였구나"라고 깨우치는 즐거움이 가득해서 부담 없이 둘러볼 수 있다.

무엇보다 그냥 보고 있기만 해도 기분 좋은 산뜻하고 명쾌한 그림으로 과학의 기초 지식과 원리를 설명해준다는 점이 큰 장점이다. 그냥 심심풀이 삼아 아무 페이지나 펼쳐 이리저리 연결된 그림을 구경하면서 시간을 보내기만 해도 머릿속 지식의 빈 공간이 채워지는 기분이 든다. 그러다 보면 지식이 그림으로 마음에 남기에 단지 과학 지식을 아는 것을 넘어서서, 그 지식이 어떤 느낌인지를 깨닫게 된다. 그런 과정에서, '에너지' '전자' '알칼리성'처럼 평소에 자주 쓰지만 무슨 뜻인지 정확히 몰랐던 개념을 깨닫게 되면 그렇게 짜릿할 수가 없다.

곽재식(SF 작가, 환경안전공학과 교수)

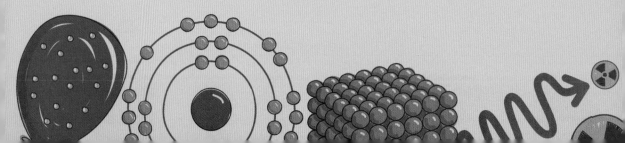

화학은 물질을 연구하는 학문입니다.

물질은 우리 우주에서 질량과 부피가 있는 모든 것을 말하지요. 관찰과 실험, 가설,
이론을 통해 화학은 질량과 색, 냄새, 밀도 같은 물질의 성질분만 아니라 환경 조건이
변하면 물질이 어떻게, 왜 바뀌는지 설명합니다.

화학은 모든 분야의 과학에서 중심적인 역할을 합니다. 하지만 일상생활에서도 얼마든지 찾아볼 수 있습니다.
우리 눈에 보이는 모든 것이 화학물질이기 때문입니다. 그리고 일상적으로 하는 행위가 화학 반응과 관련이
있습니다. 화학이 없다면 우리가 물리적 세계의 작동 방식을 이해하기란 불가능했을 겁니다. 그렇지만 우리는
화학이 우리의 일상생활에 끼치는 영향에 관해 거의 생각하지 않습니다. 앞으로 몇 쪽에 걸쳐 화학이라고 불리는
학문의 기원을 설명하는 데 도움이 될 발견의 역사와 함께 수 세기에 걸쳐 일어난 주요 이정표를 살펴보겠습니다.

화학적 발견의 역사

세상이 더 이상 나눌 수 없는 작은 입자(원자)로 이루어져 있다는 생각은 기원전 5세기의 고대 그리스
철학자 **레우키포스**와 그의 제자 **데모크리토스**가 처음으로 제기했습니다. 그러나 철학자이자 다양한
분야에 박식했던 **아리스토텔레스**Aristoteles(기원전 384 ~기원전 322)는 물질이 연속적이며 무한히
나눌 수 있다고 생각했습니다. 아리스토텔레스의 영향력은 커서 레우키포스와 데모크리토스의
이론은 2000년 동안 별로 인정받지 못했습니다.

고대부터 오랫동안 서양에서는 연금술이 권위 있는 학문으로 과학, 철학, 신학에 큰 영향을
미쳤습니다. 연금술에는 과학과 철학, 신비주의가 조금씩 섞여 있었고, 연금술사들은 평범한
금속을 '완벽'한 금속인 금으로 바꾸고 불사의 묘약을 찾으려고 노력했습니다. 연금술은
한동안 유행하다가 17세기 말에 들어 **로버트 보일**Robert Boyle(1627~1691)과 좀 더
이후 인물인 **앙투안 로랑 드 라부아지에**Antoine-Laurent de Lavoisier(1743~1794)와 같은
선각자가 등장하고 야금학에 대해 좀 더 잘 알게 되면서 힘을 잃었습니다.

500 B.C.E.

레우키포스와 데모크리토스가 주장했던
물질의 성질은 당시 사람들의 믿음과 달랐다.

그렇지만 연금술은 현대 과학의 등장에 핵심적인 역할을 수행했습니다. 초창기의 과학자들은 연금술 원리를 되돌아보며 물질을 보는 원자론적 관점이나 그와 다른 독특한 관점을 탐구했습니다. 1661년 아일랜드 출신의 영국 철학자 겸 화학자, 물리학자인 로버트 보일은 『의심 많은 화학자』라는 책을 출간했습니다. 이 책은 기체에 관한 연구를 담고 있었습니다. 보일은 원소가 '알갱이(원자)'로 이루어져 있으며, 이들이 서로 결합해 서로 다른 화학물질을 만든다고 주장했습니다. 17세기의 여러 개성 있는 과학자들은 보일의 연구를 더욱 발전시켰고, 이는 실험 화학의 발전과 많은 원소의 발견으로 이어졌습니다.

프랑스 화학자 라부아지에는 앞선 쌓인 지식을 세심하게 종합해 실험 관찰에서 이론을 끌어내는 기술을 완벽하게 가다듬었습니다. 그는 다양한 원소와 산소의 연소 반응을 연구해 화학 반응이 이루어지는 동안 질량이 보존된다는 사실(질량 보존의 법칙)을 알아냈습니다. 라부아지에는 방대한 원소의 목록을 작성한 최초의 인물이기도 하며, 미터법과 화학 명명법을 만드는 데도 이바지했습니다. 자신의 뒤를 잇는 화학자들을 위해 문을 열어준 라부아지에는 현대 화학의 아버지로 인정받고 있습니다.

라부아지에는 화학 반응 전과 후에 물질의 무게를 재 질량 보존의 법칙을 증명했다.

1789

1793

또 다른 프랑스 화학자 **조제프 루이 프루스트**Joseph Louis Proust(1754~1826)는 수많은 실험 관찰을 바탕으로 '일정 성분비의 법칙'을 발견하는 뛰어난 업적을 세웠습니다. 일정 성분비의 법칙은 어떻게 만들었든 각각의 화합물에 들어 있는 원소의 비는 일정하다는 이론입니다.

조제프 루이 프루스트의 일정 성분비의 법칙은 화합물이 어떻게 이루어져 있는지를 보여주었다.

로버트 보일은 원소가 알갱이로 이루어져 있다고 생각했다. 이런 알갱이는 서로 결합해 다양한 화학물질을 이룬다.

1661

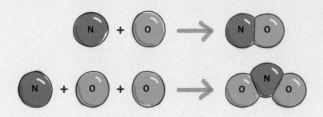

영국의 화학자, 물리학자, 기상학자인
존 돌턴 John Dalton(1766~1844)은
일정 성분비의 법칙이 성립하는
이유가 물질의 입자성 때문이며
화합물의 원소 비가 일정한 건 물질이
원자로 이루어져 있기 때문이라고
추측했습니다. 여기서 더 나아가
원소가 서로 다른 정수 비율로 결합해
다른 화합물을 만든다는(배수 비례의
법칙) 사실을 보였습니다.

존 돌턴은 물질의 입자성
때문에 일정한 비율로 화합물을
형성할 수 있다고 설명했다.

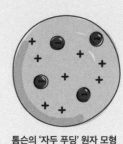

톰슨의 '자두 푸딩' 원자 모형

1904

1803

1895

돌턴의
'단단한 공'
원자 모형

1803년 돌턴은 원자설을
발표하며 원자가 더 이상 나눌
수 없는 공 모양의 고체라고
정의했습니다. 돌턴의 이론에
이어 수많은 과학 연구가
쏟아져 나오면서 현기증이
날 정도로 엄청난 발전과 더
많은 원소의 발견, 최초의 원소
주기율표 제작이 한 세기에
걸쳐 이어졌습니다.

과학자들이 사람의 눈에 보이는 영역
밖에도 빛이 있다는 사실을 알아낸 건 거의
19세기가 끝날 때쯤이었습니다. 독일의
물리학자 **빌헬름 콘라트 뢴트겐**Wilhelm
Conrad Röntgen(1845~1923)은 보이지
않는 빛을 발견하고 '엑스선'이라고 이름
붙였습니다. 이 엑스선은 사람의 살을
뚫고 지나갈 수 있었습니다. 1895년
뢴트겐은 최초의 엑스선 사진(아내의
왼손)을 발표해 과학계를 놀라게 했습니다.
1901년에는 인류에게 준 선물인 엑스선의
발견으로 최초의 노벨 물리학상을
받았는데, 상금을 모조리 기부했습니다. 이
보이지 않는 빛의 위험을 몰랐던 뢴트겐은
암으로 세상을 떠났습니다. 하지만 이미
의료 영상이라는 분야에 완전한 대변혁을
일으킨 뒤였습니다.

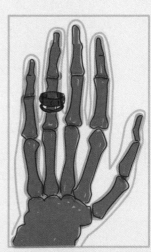

최초의 엑스선 사진은 뢴트겐이
아내의 왼손을 찍은 것이다.

1905

아인슈타인은 빛의 진정한
본질과 물질과 빛의
상호작용을 설명했다.

1905년 독일의 이론물리학자 알베르트
아인슈타인은 빛이 공간 속에서 파동
형태(전자기 복사)로 움직이는 에너지
덩어리(광자)로 이루어져 있다고
주장했습니다. 물질의 진정한 본질과,
물질과 빛의 상호작용에 관하여
과학자들의 격렬한 논쟁이 이어졌습니다.
그 결과 양자역학이 탄생했고, 양자역학은
과학자들의 유용한 탐구 도구가 되어 우리
인간의 경험을 영원히 바꾸어 놓은 발견을
이끌어냈습니다.

사회에 끼친 화학의 영향은 1900년대
초부터 찾아볼 수 있습니다. 1905년
독일의 화학자 **프리츠 하버**Fritz
Haber(1868~1934)는 수소와 질소를
반응시켜 암모니아를 만드는 공정을
개발했습니다. 암모니아는 비료 생산에
필수적인 물질입니다. 이 발견은 농업의
역사를 크게 바꾸어놓았지요. 이후 농업
생산량이 많이 늘어나 사람과 가축에게
식량을 풍부히 공급할 수 있게 되었습니다.

1911

러더퍼드의
'행성' 원자 모형

1913

보어의
'원형 궤도'
원자 모형

1926

슈뢰딩거의
'전자구름'
원자 모형

그러나 1928년 **알렉산더 플레밍**Alexander
Fleming(1881~1955)의 우연한 페니실린
발견이야말로 최고의 과학적 업적일지도
모릅니다. 이 스코틀랜드 과학자의 발견은
오늘날에도 수많은 질병을 치료하는 데
꼭 필요한 항생제의 탄생을 가능하게
해주었습니다.

1928

페니실린 발견은
사회에서 과학이 갖는
중요성을 잘 보여준다.

비료에 필수적인 암모니아 생산은
농업의 폭발적인 성장으로 이어졌다.

모든 과학적 발견이 곧바로 유용하게 쓰이는 건 아닙니다. 1898년 폴리에틸렌을 최초로 합성한 화학자들은 이 끈적끈적하고 하얀 물질을 어디에 쓰면 좋을지 알지 못했습니다. 그러나 1933년에 우연히 폴리에틸렌을 대량으로 생산할 수 있는 공정을 발견했습니다. 이로써 플라스틱의 시대가 시작되었고, 폴리에틸렌은 우리가 가장 흔히 쓰는 플라스틱이 되었습니다. 비록 환경 문제 때문에 플라스틱을 바라보는 시선이 바뀌었지만, 플라스틱은 20세기, 특히 산업화 시기에 귀중한 필수품으로 전 세계의 일상을 혁신적으로 바꾸어 놓았습니다.

플라스틱은 우리의 삶 여러 분야에 큰 영향을 끼쳤다.

1933 ▬▬ 1964 ▬▬ 1971

물질의 화학적 성질에 관해 더 잘 알게 되고 더 좋은 도구도 갖게 되면서 20세기 내내 새롭고 특수한 화학물질이 만들어졌습니다. 예를 들어 액체와 결정이 있는 고체 모두와 성질이 비슷한 화합물은 1964년 액정 디스플레이(LCD)를 발명하는 데 도움이 되었습니다. LCD는 전자 산업에 엄청난 영향을 끼쳤고, 오늘날 우리는 화면에 매우 많이 의존해 화면이 없는 삶을 상상할 수 없을 정도입니다.

1960년대 중반 액정 디스플레이의 발명은 전자 산업을 혁명적으로 바꾸어 놓았다.

1971년 일본의 생화학자 **엔도 아키라**는 스타틴이라는 화합물을 발견했습니다. 이후 스타틴이 흔히 나쁜 콜레스테롤이라고 불리는 핏속의 저밀도지질단백질(LDL)을 낮추는 데 효과가 있다는 사실이 드러났습니다. 고콜레스테롤혈증은 심혈관 질환을 비롯한 심각한 건강 문제와 관련이 있습니다. 이 발견이 수천만 명의 목숨을 구한 셈이지요.

스타틴은 동맥에 콜레스테롤이 쌓이지 않게 막아준다.

1983

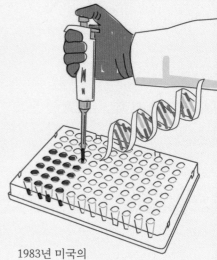

PCR 테스트는 이제 DNA 화학의 기본이 되었다.

1983년 미국의 생화학자 **캐리 뱅크스 멀리스**Kary Banks Mullis(1944~2019)는 중합효소 연쇄 반응(PCR)을 발견했습니다. 오늘날 생물 표본의 바이러스와 세균 감염을 확인하기 위해 쓰이는 민감한 PCR 테스트의 기초를 놓은 업적이었습니다. 이 발견은 DNA 화학을 혁명적으로 바꾸었고, 멀리스는 그 공로로 1993년 노벨 화학상을 받았습니다. PCR 덕분에 화학자는 DNA 표본을 수억 배로 증폭하거나 복제할 수 있게 되었습니다. 또한 DNA 지문이나 바이러스 및 세균 감지, 유전 질환 진단 등의 다양한 활용법이 쉽고 빨라졌습니다. 에이즈 유행과 코로나바이러스 대유행 때 보여준 PCR 테스트의 놀라운 영향력은 멀리스의 발견이 얼마나 중요한지를 깨닫는 데 충분합니다.

1990년대는 초분자화학이라는 분야가 화학 연구를 지배했습니다. 초분자화학은 크기가 1~100나노미터로 개별 분자보다 훨씬 더 크고 복잡한 새로운 분자를 연구하는 분야입니다. 1987년 **장-마리 랑**과 **도널드 J. 크램**, **찰스 J. 피더슨**이 노벨 화학상을 받으면서 초분자화학에 대한 기대가 부풀어 오르기 시작했습니다. 고분자는 분자의 기본 단위가 비공유결합으로 자가 조립된 결과로 생겨나 나노미터 크기의 구조를 이룹니다. 오늘날 복잡한 분자 시스템은 신약 개발, 화학 및 생물 센서, 나노과학, 분자 장치, 나노반응기와 같은 다양한 응용 분야에서 매우 중요하게 여겨지고 있습니다. 1990년대와 2000년대 초의 연구는 2016년 두 번째 노벨 화학상을 수상했습니다. 초분자로 만드는 분자 기계 분야에서 이룬 업적을 인정받은 것으로, 분자 기계는 몸속에서 원하는 세포에 암 치료제를 전달하는 기술 등 다양한 분야에서 귀중한 가치가 있습니다.

1998년 이후로 주기율표에 중대한 변화가 생겼습니다. 새로운 원소 6개가 발견되면서 원자 번호 113~118을 받아 주기율표의 일곱 번째 줄을 채웠습니다. 플레로븀(1998), 리버모륨(2000), 모스코븀(2003), 오가네손(2006), 테네신(2010)은 입자 가속기를 이용해 섬세하게 통제한 실험 환경에서 무거운 핵을 가벼운 핵으로 충돌시켜 인공 변환해 얻은 원소입니다. 이런 원소는 매우 짧은 시간 동안만 존재하기 때문에 이들의 존재를 확인하고 과학계의 인정을 받는 데는 몇 년이 걸렸습니다. 앞으로 주기율표에 여덟 번째 줄이 생기는 것도 분명히 있음직한 일입니다.

114
Fl
플레로븀

116
Lv
리버모륨

113
Nh
니호늄

115
Mc
모스코븀

118
Og
오가네손

117
Ts
테네신

초분자로 만든 3차원 구조물의 빈 공간에 치료제를 넣어 원하는 곳에 전달할 수 있다.

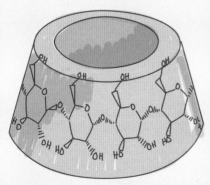

과학의 한 분야로서 화학은 이 모든 발견에 중심적이고 결정적인 역할을 했습니다. 이 외에도 수많은 발견에 이바지했지요. 그러나 화학이라는 분야를 이해하지 못하면 지난 200년간 과학자들이 이룬 성취의 진가를 알아보는 게 불가능합니다. 그게 바로 이 책이 필요한 이유입니다. 친절한 그림과 생활 밀착형 설명으로 그냥 읽는 것만으로도 화학의 원리가 머리에 쏙쏙 들어오게 됩니다. 『태어난 김에 화학 공부』는 원자에서 시작하는 화학의 세계를 탐구합니다. 그 과정에서 화학이 어떻게 다양한 과학 기술 분야에 쓰이며, 현대 사회와 우리 삶을 바꿨는지 이해할 수 있을 겁니다.

1장

화학: 과학의 중심

화학은 물질에 관한 과학입니다. 성분과 구조, 변화에서 다른
물질과 에너지와의 상호작용까지 다양한 현상을 다루지요.
데모크리토스와 아리스토텔레스에서 연금술 실험의 시대를
지나 근대화학의 아버지인 라부아지에에 이르기까지 화학은
오랫동안 우리 곁에 있었습니다. 그동안 과학자들은 관찰과
실험을 통해 물리적 세계를 더 잘 설명할 수 있는 이론을
개발했습니다. 이렇게 쌓인 지식은 19세기 중반부터 시작되어
오늘날까지 이어지는 놀라운 발견으로 이어졌고, 화학은
기초과학의 한 분야로 자리 잡았습니다.

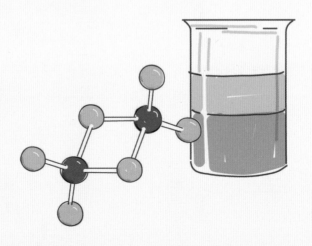

화학의 근본적 역할

물리적 세계 전체는 화학에서 탐구하고 설명하려고 노력하는 대상인 물질과 에너지로 이루어져 있습니다. 따라서 원자에서 별에 이르기까지, 바위에서 생명체에 이르기까지 온갖 물질의 작용을 이해하는 데 화학이 얼마나 중요한지는 두말할 필요가 없습니다. 화학은 그 자체로도 필수적일 뿐만 아니라 다른 분야의 과학을 연구하는 데도 핵심적인 역할을 합니다.

화학과 인간 경험

화학은 다양한 분야에서 폭넓게 쓰이며 우리의 삶에 커다란 영향을 끼치고 있습니다.

화학은 다양한 질병을 치료하는 신약을 개발하는 데 핵심적인 역할을 합니다.

약학

지구화학은 지질학적 대상뿐만 아니라 화산 폭발, 운석, 화석 형성과 같은 다양한 지질학적 과정의 성분과 변화, 연대, 시간의 흐름에 따른 퇴적층의 변화를 조사합니다.

지질학

재료화학 분야의 놀라운 발전 덕분에 고분자 기반의 물질이 규소 기반의 전자기기를 서서히 대체하고 있습니다.

전자

화학은 줄기세포 기술의 진보 같은 현대의학의 발전에 핵심적인 역할을 합니다.

현대의학

화학은 고고학 유물의 연대를 측정하고 유물을 만드는 데 사용된 기술을 조명하는 데 쓰이고 있습니다.

고고학

살충제와 비료에 쓰이는 화학물질의 개발에서 수확량을 극대화하는 새로운 방법 개발에 이르기까지 농업에서 화학의 역할은 대단히 큽니다.

농업

화학공학은 화학의 실용적인 측면을 다루는 분야로, 화학물질과 우리가 평소에 사용하는 여러 제품을 계획, 설계, 제조하는 역할을 합니다.

공학

생화학은 복잡한 생체 시스템을 탐구하는 생물학과 화학의 융합 학문입니다. 생화학이 없다면 세균 감염을 치료하는 데 필수적인 항생제를 만드는 것도 불가능했을 겁니다.

생화학

이뿐만 아니라 화학은 물리학, 식물학, 생태학, 기후학, 고생물학, 독물학, 농업, 야금학, 생물학, 신경학 등 수많은 분야에서 중요한 역할을 하고 있습니다.

화학의 분야

화학에는 다섯 가지 전통적인 분야가 있습니다. 물리화학, 분석화학, 무기화학, 유기화학, 생화학입니다. 여기서 40가지 이상의 소분야로 더 나뉠 수 있으며, 새롭고 흥미로운 응용 분야가 등장할 때마다 전문적인 하위 분야의 수는 계속해서 늘어나고 있습니다. 하위 분야의 종류가 아무리 많이 늘어나도 화학의 근본적인 역할은 똑같습니다. 물질과 물리적, 화학적, 핵반응 과정에서 벌어지는 변화의 유형을 연구하는 것입니다. 그러나 각 분야는 화학 반응을 다른 관점에서 설명하며 우리가 사는 우주를 이해하는 데 없어서는 안 될 도구가 되어 줍니다.

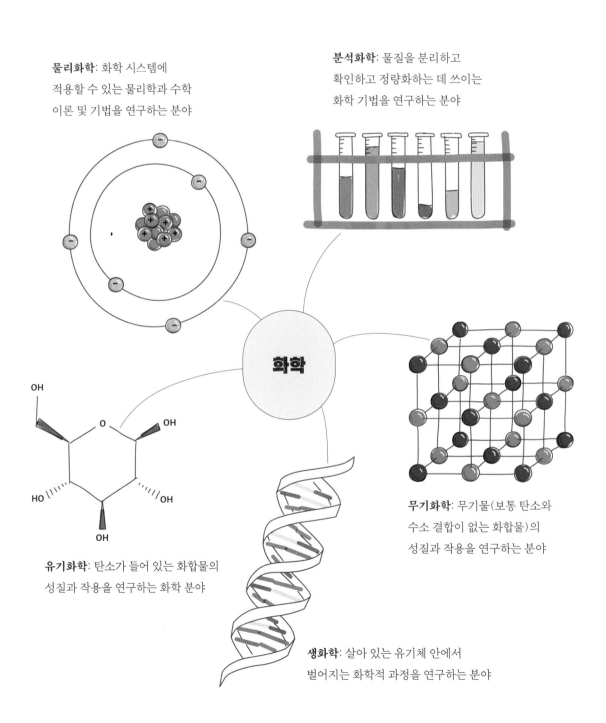

물리화학: 화학 시스템에 적용할 수 있는 물리학과 수학 이론 및 기법을 연구하는 분야

분석화학: 물질을 분리하고 확인하고 정량화하는 데 쓰이는 화학 기법을 연구하는 분야

무기화학: 무기물(보통 탄소와 수소 결합이 없는 화합물)의 성질과 작용을 연구하는 분야

유기화학: 탄소가 들어 있는 화합물의 성질과 작용을 연구하는 화학 분야

생화학: 살아 있는 유기체 안에서 벌어지는 화학적 과정을 연구하는 분야

물질

사람의 눈에 보이든 보이지 않든, 일반적으로 물질에는 질량이 있으며 부피를 차지하는 것을 말합니다.
물리적 물체는 모두 물질로 이루어져 있습니다. **원자**라고 하는 작은 기본 단위로 이루어져 있지요.
물질의 물리적 형태는 크게 **고체**와 **액체**, **기체** 세 종류가 있습니다.

물질의 정의

물체의 **질량**은 물체가 포함하고 있는
물질의 양을 나타냅니다.

물체의 **부피**는 물체가
점유하고 있는 공간의
양을 나타냅니다.

밀도는 물질의 단위 부피가
갖는 질량으로 정의하는 성질입니다.

밀도 = 질량/부피

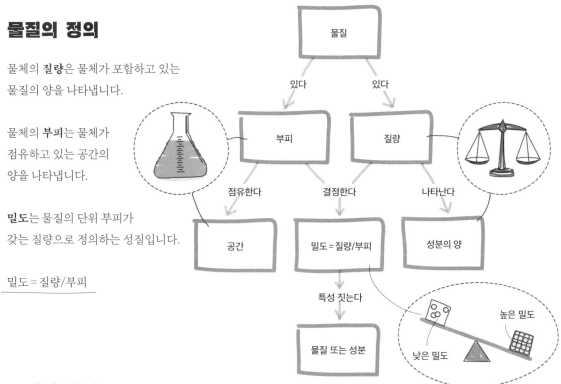

물질의 상태

고체 상태는 밀도가 가장 높은
상태입니다. 원자 또는 분자가
고정된 위치에 빽빽하게 몰려
있습니다.

액체 상태는 밀도가 고체 상태와
기체 상태의 사이에 있습니다.
액체 상태에서는 원자 또는 분자가
이리저리 움직일 수 있지만, 서로
가까운 곳에 있습니다.

밀도가 가장 낮은 상태는 원자와
분자 사이의 간격이 큰 **기체**
상태입니다. 입자 사이의 인력이
미미하고 밀도가 낮기 때문에 기체
입자는 자유롭게 돌아다닙니다.

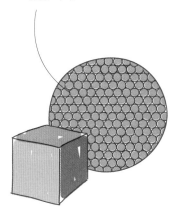
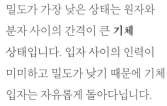
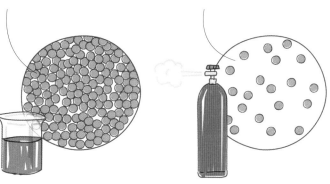

물질의 분류

물질은 우리 주위 어디에나 있습니다. 일상에서 우리는 수많은 방식으로 물질과 접촉합니다. 물질을 호흡하고, 물질 위에 앉고, 물질을 입고, 물질을 마시고, 물질을 먹습니다. 이런 물질은 **순수**한 형태(순수한 성분으로만 이루어짐) 또는 여러 성분으로 이루어진 **혼합물**의 형태로 존재할 수 있습니다.

물질의 분류

순수한 물질은 성분이 확실하게 정의되어 있고 어디서 표본을 채취해도 성분이 달라지지 않습니다. 순수한 물질의 성분은 원소가 영구적으로 결합해서 만들어지며 분리하기 위해서는 화학적 과정이 필요합니다. 예를 들어 소금($NaCl$)은 소듐과 염소 원자가 화학적으로 결합해서 생긴 순수한 물질이며, 물(H_2O)은 수소 원자 2개와 산소 원자 1개로 이루어진 순수한 물질입니다.

화학적 방법으로 나눌 수 없습니다.

순물질

한 종류의 원자로만 이루어져 있습니다.

두 종류 이상의 원자가 일정한 비율에 따라 화학적으로 결합한 물질입니다.

순수한 물질은 한 원소로만 되어 있을 수도 있고 여러 원소로 되어 있을 수도 있습니다. **원소**는 한 종류의 원자로만 이루어진 근본적인 물질로, 원소가 모여 모든 물질이 생깁니다. 예를 들어, 금은 오로지 금 원자로만 이루어져 있습니다.

원소

화합물

물질

혼합물은 두 가지 이상의 성분이 일정하지 않은 비율로 섞여 있는 물질입니다. 영구적으로 결합한 게 아니라서 각 성분은 혼합물 안에서 고유의 성질을 유지합니다. 따라서 혼합물의 각 성분은 거르기나 증류와 같은 물리적인 방법을 이용해 분리할 수 있습니다.

몇몇 원소는 화학적으로 서로 결합하려는 경향이 있습니다. 그래서 자연 속 물질의 대부분은 혼합물 형태입니다. 오로지 금과 산소, 질소 같은 소수의 원소만이 자연 속에서 순수한 형태로 존재합니다. 예를 들어 철은 순수한 물질이 아니라 산소 또는 황과 결합한 화합물 형태로 존재합니다. 흔히 여러 원소가 섞여 있는 물질에서 순수한 성분을 분리하기 위해서는 정제 기술을 사용해야만 합니다.

물리적인 방법으로 쉽게 구성 성분을 분리할 수 있습니다.

혼합물

불균질 혼합물은 물과 기름을 섞은 것처럼 두 종류 이상의 성분이 고루 퍼져 있지 않고 뚜렷하게 나뉜 채 섞인 혼합물입니다.

고르게 섞여 있지 않습니다.

고르게 섞여 있습니다.

불균질 혼합물

균질 혼합물

화합물은 두 종류 이상의 원소가 화학적으로 결합한 물질입니다. 분자는 원자가 결합해 하나의 단위를 이룬 것입니다. 화합물 속의 모든 분자는 똑같은 원자가 똑같은 비율로 결합해 있습니다. 예를 들어, 물(H_2O)은 수소와 산소 원자로 이루어진 분자이자 화합물입니다.

다른 이름으로는…

용액

균질 혼합물, 즉 용액은 전체적으로 고르게 섞여 있습니다. 예를 들어 소금물은 물에 염화소듐이 녹아 있는 물질입니다.

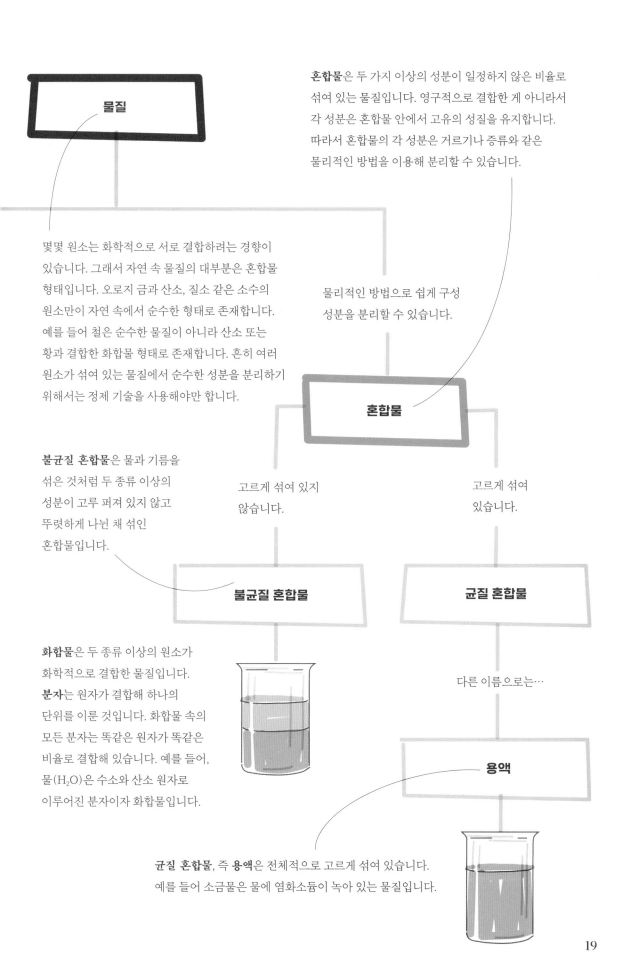

물질의 성질과 변화

화학의 가장 중요한 역할 중 하나는 우리의 삶이 더 나아지게 할 수 있는 새롭고 유용한 물질을 개발하는 것입니다.
예를 들어, 화합물을 변형하여 다양한 병을 치료할 수 있는 신약을 개발할 수 있지요. 새로운 물질을 개발하려면
물질의 **물리적**, **화학적** 성질, 그리고/또는 **핵**의 성질에 변화를 가해야 합니다. 변화는 단순한 상태 변화에서 원소 고유의
성질 변화에 이르기까지 다양합니다. 하지만 어떤 경우에든 그 결과로 새로운 형태의 물질이 나타납니다.

물질의 **물리적** 성질은 향과 색, 밀도, 질량, 끓는점 같은 물질의 고유한 성질을 바꾸지 않고도
측정하거나 관찰할 수 있습니다. 고체인 얼음이 녹으면 액체인 물이 되고, 물은 증발해 기체인
수증기가 됩니다. 이 둘은 모두 **물리적 변화**의 사례입니다.

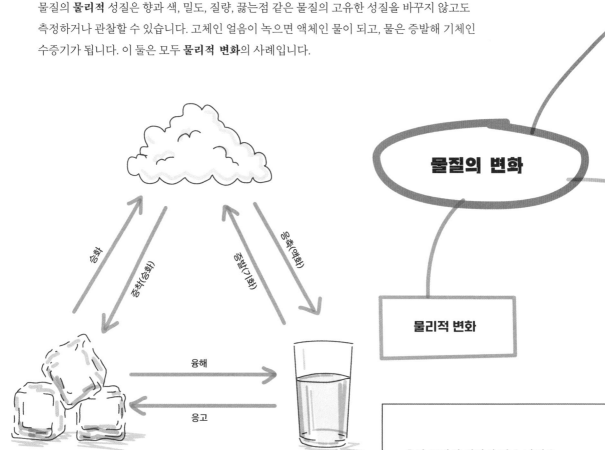

흔히 물질의 변화와 많은 관련을
맺고 있는 에너지는 **열에너지**입니다.
열에너지가 어디로 이동한다고 할
때는 줄(J)이나 칼로리(Cal) 단위로
이야기합니다. **온도**는 열이 흘러가는
방향을 알려줍니다. 온도는 어떤 물체가
얼마나 뜨거운지 차가운지를 알려주는
지표이며, 열은 온도가 높은 곳에서
낮은 곳으로 저절로 움직입니다.

철이 녹슬고 양초나 휘발유가 타는 것처럼
똑같은 원소가 다른 배열과 성질을 갖게
되면서 새로운 물질이 생겨날 때 **화학적**
성질을 관찰할 수 있습니다.

나무가 타는 것은 **화학적 변화**의 또 다른
사례입니다. 탄소를 비롯한 나무 속의
원소는 돌이킬 수 없는 과정을 통해 다른
화합물로 바뀝니다. 그 안에는 여전히
똑같은 원소가 들어 있습니다.

화학적 변화

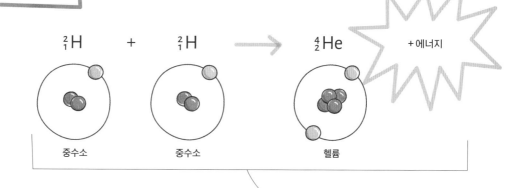

$^{2}_{1}\mathrm{H}$ + $^{2}_{1}\mathrm{H}$ → $^{4}_{2}\mathrm{He}$ +에너지

중수소   중수소   헬륨

핵변환

핵의 성질이 바뀌면 원자의 구성과
종류도 바뀝니다. 예를 들어 태양의
중심에서는 수소 원자 2개가
결합해 헬륨을 만들며 방대한 양의
에너지를 방출합니다.

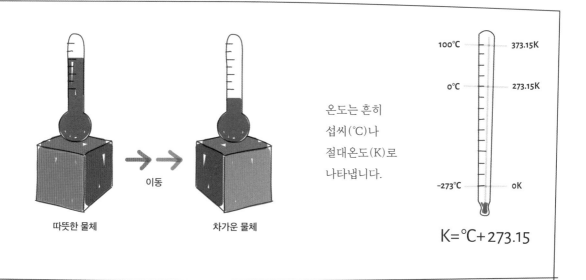

온도는 흔히
섭씨(°C)나
절대온도(K)로
나타냅니다.

이동

따뜻한 물체   차가운 물체

100°C — 373.15K

0°C — 273.15K

-273°C — 0K

$$K = °C + 273.15$$

물질과 에너지

에너지는 변화를 일으키는 능력이라고 할 수 있습니다. 다시 말해, 스스로 일어나지 않는 어떤 일이 일어나게 하려면 에너지가 필요합니다. 부피나 질량이 없으므로 에너지는 물질로 분류하지 않지만, 물질에 변화를 일으킬 수 있습니다. 에너지 보존 법칙에 따르면 우주의 총에너지양은 일정합니다. 에너지는 생겨나지도, 없어지지도 않는다는 뜻입니다. 하지만 형태가 달라질 수는 있습니다.

물질의 변화는 거의 언제나 에너지의 변화를 수반합니다. 물리적 변화에 따르는 에너지의 변화는 작지만($0.5 \sim 45kJ/mol$), 화학적 변화는 보통 훨씬 더 큰($200 \sim 900kJ/mol$) 에너지 변화를 일으킵니다. 화학적, 물리적 과정은 여러 가지 형태의 에너지를 흡수하거나 방출하는데, 핵변환 과정에서는 엄청난($1.0 \times 10^8 - 2.0 \times 10^{11}kJ/mol$) 양의 에너지가 나옵니다.

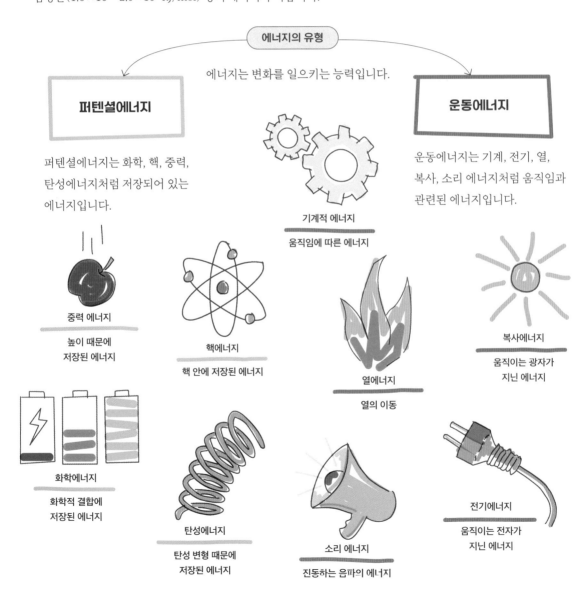

에너지의 유형

에너지는 변화를 일으키는 능력입니다.

퍼텐셜에너지

퍼텐셜에너지는 화학, 핵, 중력, 탄성에너지처럼 저장되어 있는 에너지입니다.

운동에너지

운동에너지는 기계, 전기, 열, 복사, 소리 에너지처럼 움직임과 관련된 에너지입니다.

기계적 에너지
움직임에 따른 에너지

중력 에너지
높이 때문에
저장된 에너지

핵에너지
핵 안에 저장된 에너지

열에너지
열의 이동

복사에너지
움직이는 광자가
지닌 에너지

화학에너지
화학적 결합에
저장된 에너지

탄성에너지
탄성 변형 때문에
저장된 에너지

소리 에너지
진동하는 음파의 에너지

전기에너지
움직이는 전자가
지닌 에너지

물질의 측정

화학은 정량적인 과학입니다. 관찰과 실험 과정에서 물질에 생기는 변화를 측정하는 일이 화학자의 연구에 필수적이라는 뜻입니다. 물질의 변화는 보통 질량과 부피, 밀도, 온도, 구성과 같은 성질의 변화를 동반합니다. 과학자들은 어떤 물질의 성질을 측정하고 이미 값을 알고 있는 기준과 비교할 수 있습니다. 이런 방식으로 관찰 결과를 확인하고 재현할 수 있습니다.

측정 단위

측정한 결과는 **수치**와 비교 대상이 되는 기준을 가리키는 **단위**로 나타냅니다.

과학적인 측정법인 **국제단위계**는 일곱 가지 기본 단위로 이루어져 있습니다. 기본 단위는 보편상수 또는 어떤 기준틀에서도 똑같은 성질을 이용해 정의합니다. 이 기본량은 다른 양을 이용해 나타낼 수 없으므로 다른 기본 단위를 포함한 어떤 측정 단위로부터도 독립적입니다.

기본량 또는 기본 단위를 서로 결합해 **유도량** 또는 유도 단위를 만들 수 있습니다. 예를 들어, 속력은 시속 몇 킬로미터나 초속 몇 미터처럼 길이와 시간으로 나타냅니다.

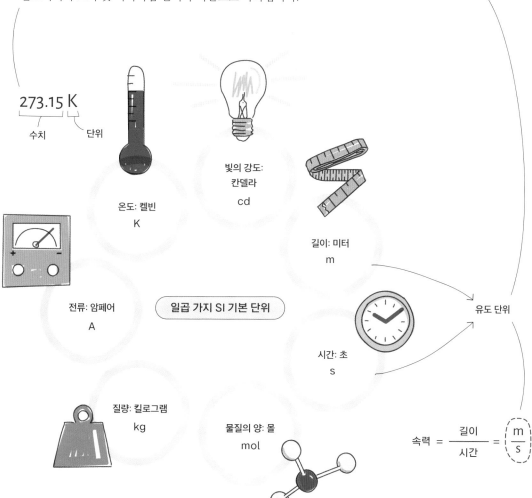

273.15 K

수치 단위

온도: 켈빈
K

빛의 강도:
칸델라
cd

길이: 미터
m

전류: 암페어
A

일곱 가지 SI 기본 단위

유도 단위

시간: 초
s

질량: 킬로그램
kg

물질의 양: 몰
mol

$$\text{속력} = \frac{\text{길이}}{\text{시간}} = \frac{m}{s}$$

✓ 다시 보기

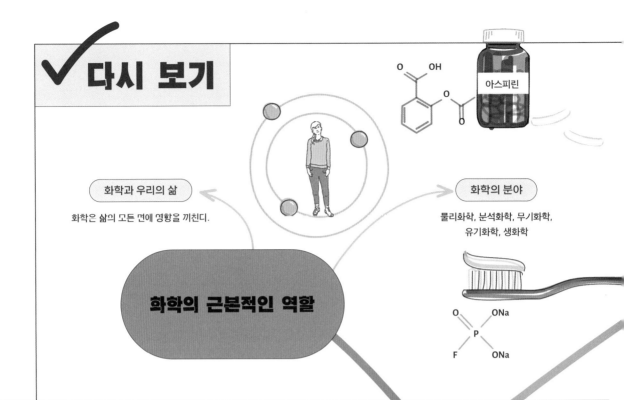

아스피린

화학과 우리의 삶

화학은 삶의 모든 면에 영향을 끼친다.

화학의 분야

물리화학, 분석화학, 무기화학, 유기화학, 생화학

화학의 근본적인 역할

화학: 과학의 중심

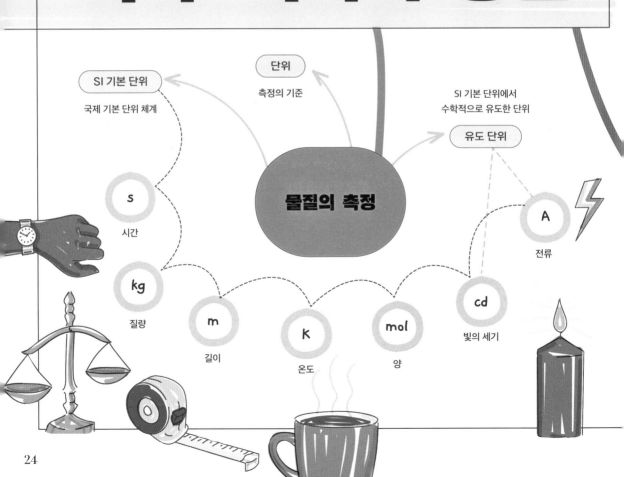

SI 기본 단위

국제 기본 단위 체계

단위

측정의 기준

SI 기본 단위에서 수학적으로 유도한 단위

유도 단위

물질의 측정

s
시간

kg
질량

m
길이

K
온도

mol
양

cd
빛의 세기

A
전류

밀도
질량/부피

질량
물질의 양

물질

부피
점유한 공간

물질의 상태
고체, 액체, 기체

순물질
원자 한 종류로 이루어져 있다.
화합물은 두 가지 이상의 원자로 이루어져 있다.

혼합물
균질 혼합물은 전체적으로 고르게 섞여 있다.
불균질 혼합물은 전체적으로 고르지 않다.

물질의 분류

용액
균질 혼합물

물질의 본질은 변하지 않는다.
물리적 속성/변화

물질의 성질과 변화

화학적 성질/변화
물질의 종류가 변하지만,
그 안의 원소는 같다.

핵의 성질/변화
원자의 종류가 변한다.

열
열에너지의 이동

물질과 에너지

온도
어떤 물체가 얼마나 차가운지
뜨거운지를 나타내는 척도

퍼텐셜에너지
화학, 핵, 중력, 탄성 등
저장된 에너지

운동에너지
기계, 전기, 열, 복사, 소리 등
운동과 관련된 에너지

2장

원자

원소의 모든 화학적 성질을 그대로 갖고 있는 원자는
물질을 이루는 기본 단위입니다. 모든 물질은 우리가
알고 있는 92가지 원소로 이루어져 있습니다. 단어와
언어를 만드는 데 쓰는 문자와 같습니다. 따라서 물질과
물질의 작용을 이해하고자 한다면 원자와 원자의 구성을
반드시 이해해야 합니다. 모든 원자의 일반적인 구조는
비슷하지만, 기본 아원자 입자의 구성이 제각기 다르기
때문에 각 원소는 고유한 원자와 성질을 갖게 됩니다.

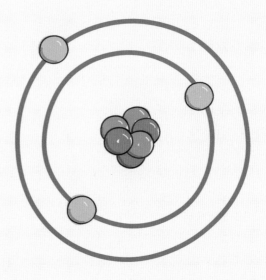

원자 모형의 진화

고대 그리스인은 아리스토텔레스의 영향으로 모든 물질이 흙과 불, 물, 공기라는 네 가지 기본 물질의 조합으로 이루어져 있다고 생각했습니다. 기원전 5세기에 레우키포스와 제자인 데모크리토스는 물이 작은 물방울로 나뉠 수 있듯이 물질에 '입자 같은' 성질이 있다고 주장했습니다. 물을 계속해서 작은 방울로 나누다 보면, 결국 너무 작아서 보이지 않게 됩니다. 레우키포스는 궁극적으로 더 작게 나눌 수 없을 정도로 작은 물방울이 될 거라고 주장했습니다. 데모크리토스는 그런 작은 입자를 'atomos(그리스어로 더 이상 자를 수 없다는 뜻)'라고 불렀고, 여기서 오늘날 우리가 쓰는 '원자(atom)'가 나왔습니다.

영국의 화학자, 기상학자 **존 돌턴**John Dalton(1766~1844)은 원자를 쪼갤 수 없는 **구체**로 정의했습니다. 모든 원소가 똑같은 원자로 이루어져 있다고 주장했지요.

어니스트 러더퍼드 Ernest Rutherford(1871~1937)는 지금의 원자 모형을 제안한 첫 번째 과학자였습니다. 원자의 한가운데에 작고, 조밀하고, 양의 전하를 띠는 핵이 있고, 그 주위를 전자구름이라는 **'텅 빈 공간'**이 둘러싸고 있다는 사실을 알아냈지요.

J. J. 톰슨J. J. Thomson(1856~1940)은 전자의 존재를 발견하고 원자가 양의 전하를 띠는 몸체에 음의 전하를 띠는 입자가 박혀 있는 모습이라는 아이디어를 제안했습니다. 톰슨의 모형을 **자두 푸딩 모형**이라고 부릅니다. 전자가 마치 양전하를 띤 푸딩에 박혀 있는 건자두처럼 보였기 때문입니다.

닐스 보어 Niels Bohr(1885~1962)는 전자가 핵 주위를 **원 궤도**를 그리며 돈다고 주장했습니다. 원자 안의 전자가 각각이 서로 다른 에너지 준위를 나타내는 특정 원 궤도에만 있을 수 있다고 말했습니다.

오스트리아-아일랜드 물리학자 **에르빈 슈뢰딩거**Erwin Schrödinger(1887~1961)는 현대의 전자구름 모형을 만들었습니다. 전자는 각자의 에너지에 따라 **오비탈**이라고 부르는 핵 주위의 3차원 영역을 점유하게 됩니다. 이것이 현재 인정받고 있는 원자 구조 이론으로, 양자역학의 바탕을 이루고 있습니다. 이 모형에서 전자는 파동처럼 행동하며, 원자 안에서 정확히 어디에 있는지는 알 수 없습니다.

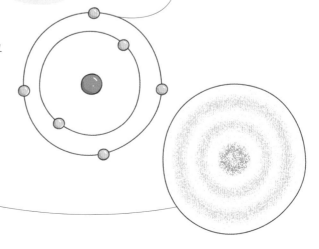

화학 결합의 법칙

여러 개성 있는 과학자들이 (대개는 취미 삼아 스스로) 과학적 관찰을 이어가며 물질의 원자 및 입자성을 더 잘 이해하게 된 18세기 초에 이르기까지 물질을 바라보는 원자론적 관점은 모호했습니다. 화학자들은 화학 반응을 일으켜 새롭게 발견된 원소의 화학적 성질을 조사했고, 반응 전과 반응 후의 관찰 결과를 대중에게 공개했습니다. 원소의 화학적 성질에 관한 지식이 쌓이면서 마침내 원소의 화학 결합에 관한 중요한 법칙이 발전했습니다.

질량 보존의 법칙은 화학 반응 과정에서 물질이 생겨나거나 사라질 수 없다는 뜻입니다. 예를 들어, 수소와 산소는 반응해 물이 됩니다. 이때 생기는 물의 질량은 반응한 수소와 산소의 전체 질량과 똑같습니다.

질량 보존의 법칙

일정 성분비의 법칙은 물(H_2O)과 같은 화합물에 들어 있는 원소의 질량비는 언제나 똑같다는 뜻입니다. 표본의 양이나 화합물의 근원은 여기에 영향을 끼치지 않습니다. 따라서 강물이든 빗물이나 수돗물이든 물은 항상 수소 원자 2개와 산소 원자 1개로 이루어져 있으며, 둘은 항상 1:8의 질량비로 결합합니다.

일정 성분비의 법칙

배수 비례의 법칙은 만약 두 원소가 서로 다른 비로 결합한다면, 그 결과로 생기는 화합물은 다르다는 뜻입니다. 질소 원자 1개와 산소 원자 1개는 NO를 만들지만, 질소 원자 1개와 산소 원자 2개는 NO_2를 만듭니다. 똑같은 원소가 결합해 생기는 서로 다른 화합물입니다.

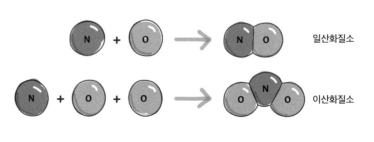

일산화질소

이산화질소

배수 비례의 법칙

원자의 구조

돌턴은 이전의 연구, 특히 화학 결합의 법칙을 면밀하게 조사하고 해석한 결과 최초로 현대적인 원자설을 만들었습니다.
모든 원소가 각기 고유한 하나의 원자로 이루어져 있으며, 이들이 화학적으로 결합해 화합물을 형성한다는 주장이었습니다.
돌턴은 원소와 화합물의 차이를 명확하게 설명했습니다. 돌턴이 제시한 네 가지 생각 중 두 가지는 오늘날에도 여전히
아무 변화 없이 유효합니다. 그러나 원자를 더 이상 나눌 수 없다는 생각과 같은 원소의 원자가 모두 완전히 똑같다는 생각은
옳지 않다는 사실이 드러나 수정되었습니다.

현대의 원자 모형은 핵자(중성자와 양성자)가 있는 **핵**과 **전자**로 이루어집니다. 핵자는 사실상
원자의 질량 대부분을 차지합니다. **전자**는 핵 주위의 거의 텅 비어 있는 공간(**전자구름**)에 있습니다.
즉, 원자의 부피 대부분은 텅 빈 공간입니다.

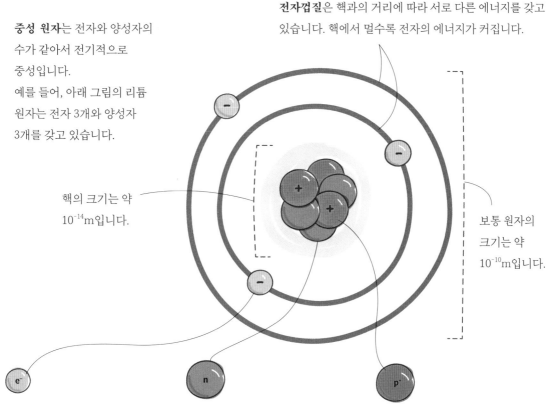

전자껍질은 핵과의 거리에 따라 서로 다른 에너지를 갖고
있습니다. 핵에서 멀수록 전자의 에너지가 커집니다.

중성 원자는 전자와 양성자의
수가 같아서 전기적으로
중성입니다.
예를 들어, 아래 그림의 리튬
원자는 전자 3개와 양성자
3개를 갖고 있습니다.

핵의 크기는 약
10^{-14}m입니다.

보통 원자의
크기는 약
10^{-10}m입니다.

전자는 음의 전하를 띠는 아원자
입자로 핵 바깥쪽에 있습니다.
상대 전하 = -1
질량 = 0.000549amu
크기 = 약 10^{-18}m

중성자는 전기적으로 중성인
아원자 입자로 핵에 있습니다.
상대 전하 = 0
질량 = 1.00866amu
크기 = 약 10^{-15}m

양성자는 양의 전하를 띠는 아원자
입자로 핵에 있습니다.
상대 전하 = +1
질량 = 1.00728amu(원자 질량 단위)
크기 = 약 10^{-15}m

멘델레예프와 주기율표

1869년 러시아의 화학자이자 발명가인 **드미트리 이바노비치 멘델레예프**Dmitri Ivanovich Mendeleev(1834~1907)는
모든 원소의 물리적 및 화학적 성질이 원자의 질량에 따라 주기성을 보인다는 법칙을 발표했습니다.
다시 말해, 멘델레예프는 원소의 질량이 다른 성질을 결정짓는 가장 중요한 변수임을 알아냈던 것입니다.
당시에 알고 있던 원소는 모두 63개였고, 멘델레예프는 무게에 따라 원소를 배열해 주기율표를 만들었습니다.
현대의 주기율표는 원소의 성질을 예측하는 주요 인자로 원자의 양성자 수(원자 번호)를 이용합니다.

멘델레예프의 주기율표

			Ti 50	Zr.........90		? 180
			V 51	Nb 94		Ta....... 182
			Cr 52	Mo 96		W....... 186
			Mn 55	Rh ...104.4		Pt 197.4
			Fe 56	Ru ...104.4		Ir 198
H............1			Ni, Co .. 59	Pd ...106.6		Os 199
	Be 9.4	Mg 24	Cu 63.4	Ag......108		Hg..... 200
	B 11	Al 27.4	Zn 65.2	Cd 112		
	C 12	Si 28	? 68	Ur 116		Au.......197
	N............4	P 31	? 70	Sn 118		
	O..........16	S 32	As 75	Sb 122		Bi 210
	F............19	Cl 35.5	Se......79.4	Te....... 128 ?		
	Na........ 23	K 39	Br........80	I 127		
		Ca 40	Rb 85.4	Cs........133		Tl 204
		? 45	Sr 87.6	Ba 137		Pb 207
		? Er 56	Ce 92			
		? Y 60	La 94			
		? In 75.6	Di........ 95			
			Th 118			

멘델레예프의 첫 번째
주기율표에는 원자의 무게에 따라
원소가 배열되어 있었습니다.

주기율 법칙은 발견되지 않았던
여덟 가지 원소의 무게와 성질을
성공적으로 예측했습니다.

어떤 원소의 성질이 멘델레예프의
주기율표를 따르지 않자
멘델레예프는 원자의 무게를
잘못 측정했기 때문이라고
주장했습니다. 이후에 실제로
그랬다는 사실이 밝혀졌습니다.

멘델레예프는 최초의
원소 주기율표를 만들었다.

현대의 주기율표

현대의 주기율표에는 양성자 수 또는 **원자 번호**에 따라 118개의 원소가 실려 있습니다. 멘델레예프 이후 과학이 발전하면서 원자 번호가 원소의 성질을 가장 잘 설명하는 근본적인 요인이라는 결론이 내려졌습니다.

원소 주기율표에는 여러 가지 형태가 있지만, 각각의 네모 칸 안에는 **원소 기호**, **이름**, **원자 번호**, **원자량**이 들어갑니다.

원자 번호: 원소를 정의하는 고유한 양성자 수

원소 기호: 원소의 이름을 나타내는 공식 약어

원소 이름: 원소의 공식 이름

원자량: 동위원소까지 모두 평균을 낸 무게로, 원자 1개의 질량을 원자 질량 단위(1amu=1.6625 × 10^{-27}kg)로 나타낸 것

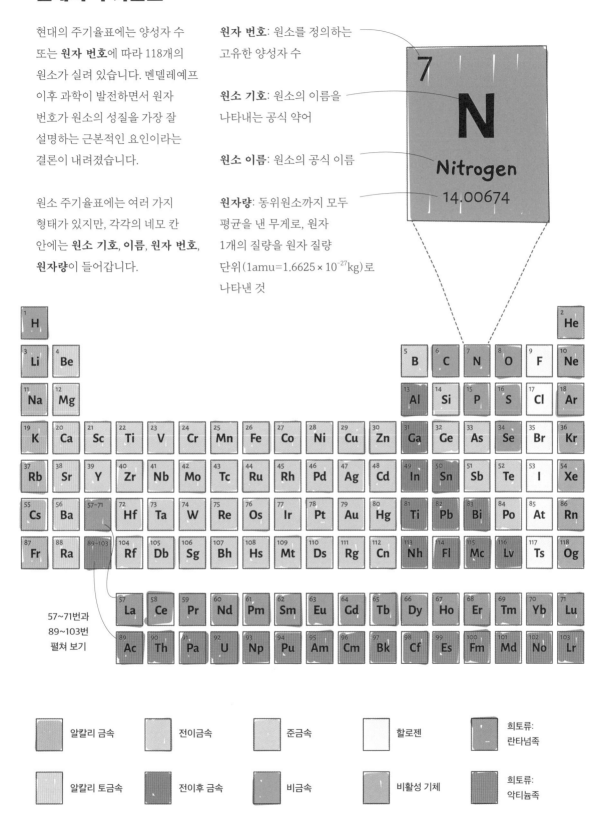

7
N
Nitrogen
14.00674

57~71번과 89~103번 펼쳐 보기

알칼리 금속

전이금속

준금속

할로젠

희토류: 란타넘족

알칼리 토금속

전이후 금속

비금속

비활성 기체

희토류: 악티늄족

이온과 동위원소

원자가 같은 수의 양성자와 전자를 갖는다면, 전체적으로 전하(양 또는 음)를 띠지 않습니다.
그러나 양성자와 전자의 수가 다르면, 전하를 띠며 **이온**이 됩니다. 어떤 원소의 원자는
양성자와 전자가 수가 같아도 중성자의 수는 다를 수 있습니다. 이런 원소를 **동위원소**라고 부릅니다.

이온

양성자(+1 전하)가 전자
(-1 전하)보다 많으면,
원자는 양의 전하를 띱니다.
이렇게 양의 전하를 띠는
이온을 **양이온**이라고 부릅니다.

양성자(+1 전하)가 전자
(-1 전하)보다 적으면,
원자는 음의 전하를 띱니다.
이렇게 음의 전하를 띠는 이온을
음이온이라고 부릅니다.

불소(F)는 전자와 양성자가 각각
9개 있는 중성 원자입니다.

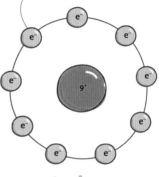

불소 이온(F⁻)은
양성자가 9개, 전자가
10개 있습니다.

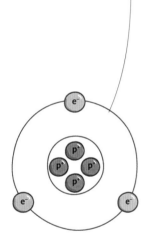

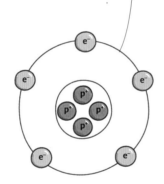

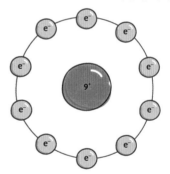

동위원소

양성자와 전자의 수는 똑같지만,
중성자의 수가 다른 동위원소는
질량이 달라집니다. 예를 들어,
수소는 제각기 중성자의 수가 다른
세 가지 동위원소가 있습니다.
자연에는 다양한 동위원소가
있으며, 어떤 것은 안정하고 어떤
것은 불안정합니다.

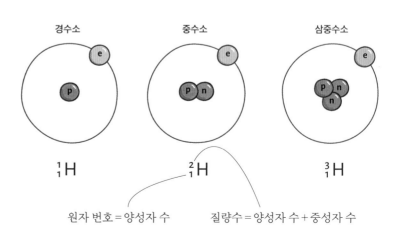

경수소   중수소   삼중수소

$$^1_1H \qquad ^2_1H \qquad ^3_1H$$

원자 번호 = 양성자 수   질량수 = 양성자 수 + 중성자 수

몰과 몰 질량

화학자들은 SI 기본 단위인 **몰(mol)**을 이용해 너무 작아서 실험실 환경에서는 다루기 어려운 원자와 이온, 분자의 수를 셉니다. 몰은 정확히 12그램의 탄소-12에 들어 있는 탄소-12의 동위원소 원자 수와 같은 수의 입자를 갖는 양으로 정의합니다. 그 수는 6.022×10^{23}으로, **아보가드로수**라고 부릅니다. 어떤 물질 1몰의 질량을 그램으로 나타낸 것이 **몰 질량**입니다. 몰 질량의 단위는 **g/mol**입니다.

원자 1개의 질량은 원자 질량 단위로 나타냅니다. 원자가 작기 때문에 질량도 매우 작습니다. 분자 1개의 질량은 주기율표에 나온 원자의 질량을 모두 합하면 됩니다.

실험실 환경에서는 개별 입자보다 입자 6.022×10^{23}개가 들어 있는 물질 1몰을 사용합니다. 각 순물질의 몰 질량은 고유하므로 표본 안에 있는 입자의 수를 정확히 구할 수 있습니다. 예를 들어, 물의 몰 질량은 18.016g/mol입니다.

산소 원자 1개의 질량은 16amu입니다.

수소 원자 1개의 질량은 1.008amu입니다. 따라서 수소 원자 2개는 2.016amu입니다.

물 분자(H_2O) 1개의 질량은 포함된 원자의 질량을 합한 18.016amu입니다.

× 6.022 × 10²³

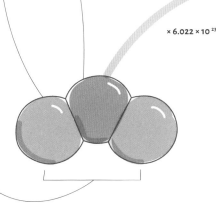

물 1몰
질량: 18.016g

물 1몰에는 6.022×10^{23}개의 물 분자가 있습니다. 질량은 18.016그램입니다.

1몰 원 = 602,214,179,000,000,000,000,000원.

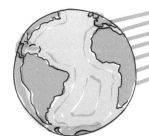

동전을 쌓아 지구에서 달까지 이으면 적어도 일곱 번을 이을 수 있습니다!

자두 푸딩

톰슨(1904)

행성

러더퍼드(1911)

원 궤도

보어(1913)

단단한 공

돌턴(1803)

원자 모형의 진학

전자구름

슈뢰딩거(1926)

원자

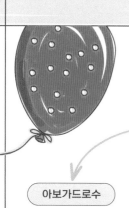

몰과 몰 질량

멘델레예프

최초의 주기율표(1869)를 만들었고,
원소의 존재를 예측했다.

아보가드로수

6.022×10^{23}

몰 질량

순물질 1몰의 질량을
그램으로 나타낸 것

주기율표

원자 번호에 따라 118가지
원소를 나열한 표

몰

아보가드로수와 같은
세는 단위

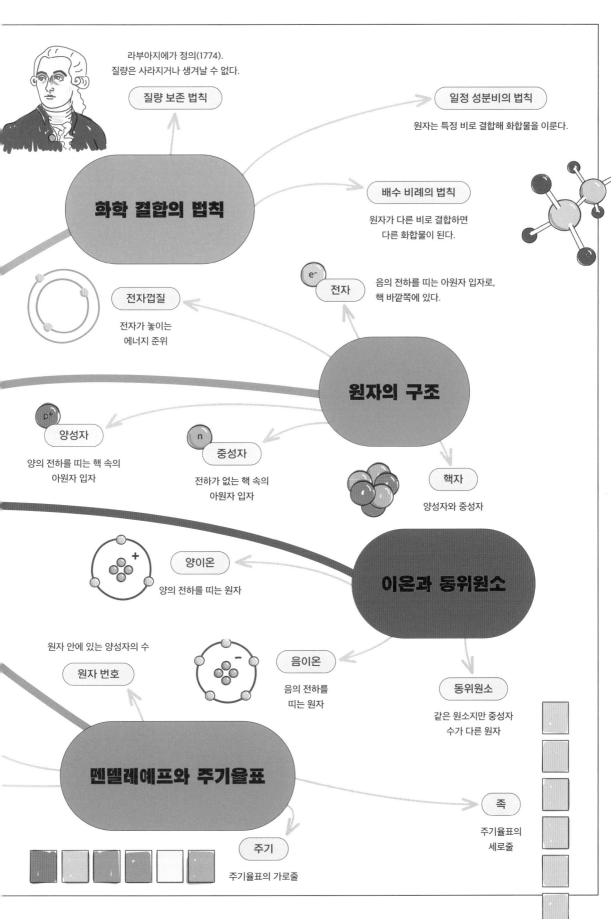

라부아지에가 정의(1774).
질량은 사라지거나 생겨날 수 없다.

질량 보존 법칙

일정 성분비의 법칙

원자는 특정 비로 결합해 화합물을 이룬다.

화학 결합의 법칙

배수 비례의 법칙

원자가 다른 비로 결합하면
다른 화합물이 된다.

e⁻ 전자

음의 전하를 띠는 아원자 입자로,
핵 바깥쪽에 있다.

전자껍질

전자가 놓이는
에너지 준위

원자의 구조

p⁺ 양성자

양의 전하를 띠는 핵 속의
아원자 입자

n 중성자

전하가 없는 핵 속의
아원자 입자

핵자

양성자와 중성자

양이온

양의 전하를 띠는 원자

이온과 등위원소

원자 안에 있는 양성자의 수

원자 번호

음이온

음의 전하를
띠는 원자

동위원소

같은 원소지만 중성자
수가 다른 원자

멘델레예프와 주기율표

족

주기율표의
세로줄

주기

주기율표의 가로줄

3장

핵화학

핵화학은 원자의 핵에 생기는 변화를 다룹니다. 변화는
두 핵의 상호작용으로 인해 생길 수도 있고, 아원자 입자가
핵에 충돌하면서 생길 수도 있습니다. 이 분야에서는 흔히
핵입자, 핵력, 핵반응을 연구하고, 자연히 또는 인공적으로
일어나는 핵의 변화를 탐구합니다. 예를 들어, 방사능은
자연히 생겨나는 불안정한 동위원소에서 일어나는
핵 변화와 관련이 있으며, 인공 변환은 핵과 고속으로
움직이는 입자를 충돌시켰을 때 생기는 변화를 말합니다.

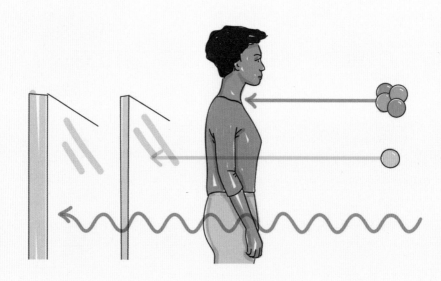

핵

원자의 핵은 전체 부피의 아주 일부분을 차지하지만, 개수에 따라 원자의 특징이 달라지는 양성자와 특정 동위원소를
만드는 중성자를 담고 있습니다. 양의 전하를 띤 양성자 사이의 정전기적 반발력 때문에 핵은 분리될 것 같지만,
그런 일은 일어나지 않습니다. 강력한 **핵력**이 양성자와 중성자를 묶어놓고 있기 때문입니다.
핵 속의 양성자-중성자 비율은 핵력의 세기에 직접적인 영향을 끼쳐 핵이 **안정한지 불안정한지**를 결정합니다.

핵력

핵력은 양성자와 중성자처럼 대단히 가까이 있는 아원자 입자 사이에서 작용하는 매우 강한 인력입니다.
원자의 핵력은 양성자 사이의 정전기적 반발력보다 강해 핵이 뭉쳐 있게 합니다. 그래서 원자는 모습을 유지할
수 있습니다. 자연에서 가장 강한 핵력은 모든 핵자 사이에서 똑같이 작용합니다. 양성자인지 중성자인지는
상관없습니다.

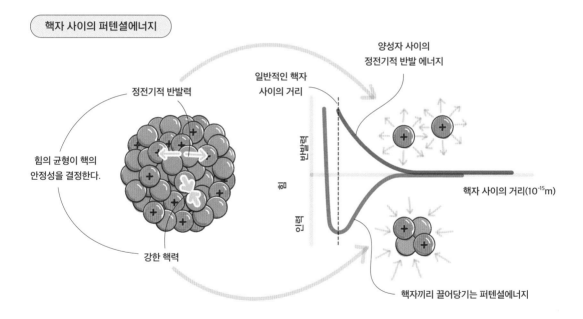

핵자는 핵력을 받아 특정 거리까지 점점 더 가까워집니다. 서로 끌어당기는 퍼텐셜에너지가 핵자끼리 서로
가까워지게 합니다. 그러다 핵자 사이의 거리가 평형 상태를 이룬 뒤부터는 반발력이 지배하기 시작합니다.
따라서 반발력이 핵의 크기를 결정합니다. 핵력은 1.0×10^{-15}까지의 짧은 거리 안에서만 작용합니다.

핵력은 전자가 핵 주위의 텅 빈 공간에 떠다니게 하는 힘입니다. 핵력의 존재와 그 엄청난 세기는 우리가
원자력 발전소에서 막대한 에너지를 만들 수 있는 이유입니다.

핵의 안정성

핵이 안정한지 불안정한지는 핵 내부의 힘의 균형에 달려 있습니다. 그 균형은 양성자와 중성자의 비율과 관련이 있습니다.

불안정한 동위원소는 스스로 **붕괴**하며 **방사선**을 내뿜고 새롭고 좀 더 안정한 원자가 됩니다.

방사성 붕괴 반응으로 생겨난 새로운 원자는 보통 양성자-중성자 **비율**이 달라 좀 더 안정합니다.

불안정한 동위원소는 방사성 물질로, **방사성 동위원소**라고 불립니다.

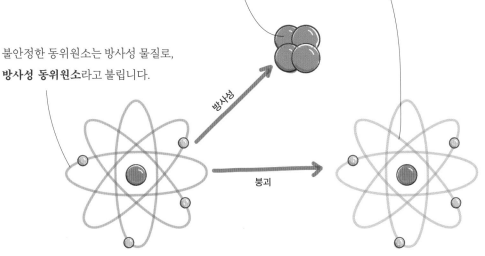

방사성

붕괴

자연적으로 존재하는 수천 개의 동위원소 중 원자 번호가 1에서 83 사이인 안정한 동위원소는 약 250개에 불과합니다. 이 안정한 동위원소들은 소위 **안정 구역**을 형성합니다.

안정 구역 위에 있는 원자는 핵에 중성자가 너무 많아 불안정합니다. 그런 동위원소의 핵은 베타 입자를 내뿜으며 붕괴해 좀 더 안정한 핵으로 변합니다.

안정 구역 아래에 있는 원자는 핵에 양성자가 너무 많아 불안정합니다. 그런 동위원소의 핵은 양전자를 내뿜거나 전자를 붙잡으며 붕괴해 좀 더 안정한 핵으로 변합니다.

원자 번호가 83보다 큰 모든 동위원소는 불안정하며, 알파 입자를 내뿜는 방사성 붕괴를 통해 좀 더 안정하게 변합니다.

양성자와 중성자의 수가 같은 동위원소는 모두 안정합니다.

안정한 핵과 불안정한 핵

중성자 수

안정 구역

안정

불안정

중성자=양성자

불안정

불안정

원자 번호

$p^+ > 83$ 불안정!

$p^+ \leq 83$ 불안정

$p^+ > n^0$ 불안정

$p^+ << n^0$ 불안정

$p^+ \leq n^0$ 안정!

핵결합에너지

핵결합에너지(E_b)는 핵을 양성자와 중성자로 분리하는 데 필요한 에너지입니다. 안정된 핵은 큰 에너지가 필요하고, 불안정한 핵은 에너지가 작아도 됩니다.

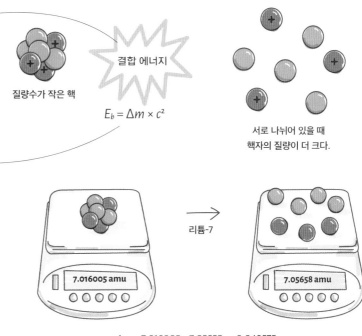

결합 에너지

질량수가 작은 핵

$$E_b = \Delta m \times c^2$$

서로 나뉘어 있을 때 핵자의 질량이 더 크다.

핵의 질량은 항상 갖고 있는 양성자와 중성자의 전체 질량보다 작습니다. 이 현상을 **질량 결손**(Δm)이라고 부릅니다. 이 질량 차이는 광속(2.998×10^8m/s)을 포함한 아인슈타인의 질량-에너지 관계식에 따라 결합 에너지로 바뀝니다.

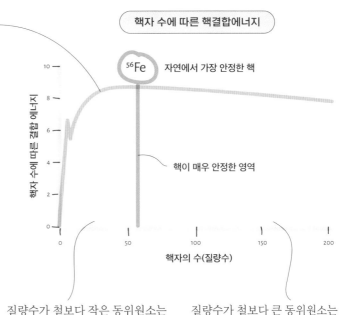

리튬-7

7.016005 amu

7.05658 amu

질량 결손은 에너지로 바뀌며 사라진 질량을 나타내므로 음수입니다.

Δm = 7.016005 - 7.05658 = -0.040575 amu

핵결합에너지는 핵자의 수에 따라 달라집니다. 대체로 질량수가 낮은 핵일 때는 핵자 수에 따라 커집니다. 질량수가 낮을 때는 서로 끌어당기는 핵력이 양성자 사이의 정전기적 반발력보다 크기 때문입니다.

핵결합에너지는 질량수가 56인 철(Fe) 근처에서 최고점을 찍습니다. 그리고 질량수가 커질수록 서서히 줄어듭니다. 질량수가 클 때는 양성자 사이의 정전기적 반발력이 더 크기 때문입니다.

핵자 수에 따른 핵결합에너지

^{56}Fe 자연에서 가장 안정한 핵

핵이 매우 안정한 영역

핵자 수에 따른 결합 에너지

핵자의 수(질량수)

자연에서 가장 안정한 핵은 철입니다. 우리가 알고 있는 모든 동위원소 중에서 핵결합에너지가 가장 크기 때문입니다. 이것이 별의 중심에서 일어나는 핵분열이 철이 생기면서 끝나는 이유입니다.

질량수가 철보다 작은 동위원소는 **핵융합 반응**을 일으켜 막대한 에너지를 방출합니다. 핵 안에서 서로 끌어당기는 핵력이 강하기 때문입니다.

질량수가 철보다 큰 동위원소는 **핵분열 반응**을 일으켜 막대한 에너지를 방출합니다. 핵 안에서 양성자 사이의 정전기적 반발력이 훨씬 강하기 때문입니다.

핵변환

핵반응이 일어날 때 핵 안의 양성자와 중성자 수는 바뀝니다. 그러면 똑같은 원소의 새로운 동위원소 또는 완전히 새로운 원소가 생겨납니다. 이런 변화를 **핵변환**이라고 부릅니다. 자연에서는 **방사성 붕괴**로, 인공적으로는 세심하게 통제한 환경에서 가동한 입자 가속기 안에서 이런 일이 일어날 수 있습니다.

자연 속의 핵변환

자연에서 일어나는 변환은 저절로 생겨난 불안정한 동위원소가 자발적으로 붕괴하는 것으로, 방사성 붕괴라고도 부릅니다. 방사성 동위원소는 붕괴하면서 **알파선**(α), **베타선**(β), **감마선**(γ)을 내뿜으며, 새롭고 더 안정한 원소 또는 동위원소로 변합니다.

우리는 일상적으로 방사선에 노출됩니다. 우리가 먹는 음식, 호흡하는 공기, 살고 있는 환경에서도 방사선이 나옵니다. 일부는 자연에서 나오며(알파, 베타, 감마선), 어떤 방사선 노출은 질병 검사, 진단, 치료 같은 사람의 활동 때문에 생깁니다.

우리가 먹는 음식을 통해서 신체 내부가 자연 방사선에 노출될 수 있습니다. 이런 노출은 장기의 조직에 손상을 끼칠 수 있어 특히 위험합니다.

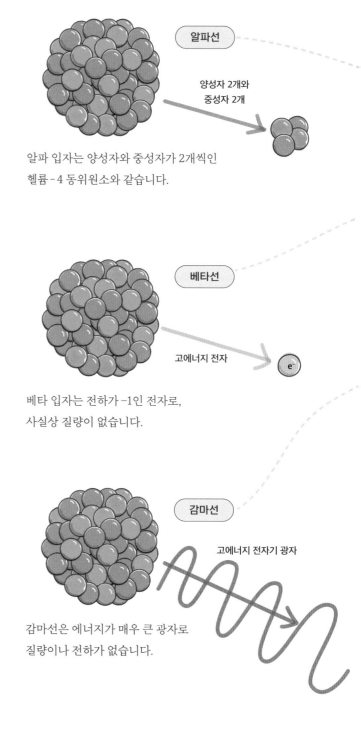

알파선

양성자 2개와 중성자 2개

알파 입자는 양성자와 중성자가 2개씩인 헬륨-4 동위원소와 같습니다.

베타선

고에너지 전자

베타 입자는 전하가 −1인 전자로, 사실상 질량이 없습니다.

감마선

고에너지 전자기 광자

감마선은 에너지가 매우 큰 광자로 질량이나 전하가 없습니다.

복사는 일종의 에너지입니다. 감마선 복사는 가장 강한 전자기 에너지로 투과력이 가장 강합니다. 베타선 복사는 그보다 투과력이 약하고, 알파선은 세 종류의 방사선 중에서 투과력이 가장 약합니다. 감마선과 베타선은 사람의 몸을 쉽게 투과할 수 있습니다.

미국에서 폐암을 두 번째로 많이 일으키는 원인은 자연에서 나오는 라돈-222 동위원소(Rn-222)와 관련이 있습니다. 라돈-222는 바위와 흙에 들어 있는데, 공기보다 무겁기 때문에 건물 지하에서 흔히 발견됩니다. 라돈-222는 몇 시간 안에 폴로늄-218(Po-218)로 붕괴하며 알파선을 방출합니다. 라돈-222에 오염된 공기를 호흡하면 내부에서 알파선에 노출되어 신체 조직, 특히 폐에 손상을 입을 수 있습니다.

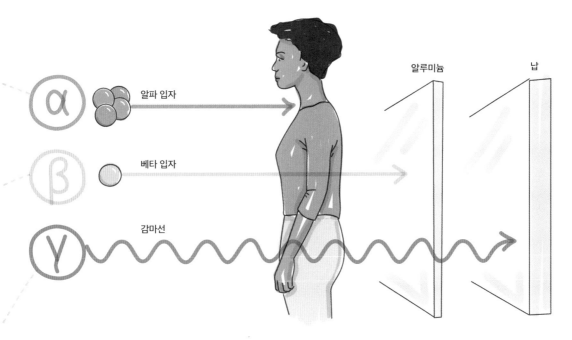

인공 변환

인공 변환은 자발적인 반응이 아닙니다. 입자 가속기 같은 특수한 장비로 핵에 고에너지 입자를 충돌시켜서 일으켜야 합니다. 1919년 러더퍼드는 최초로 인공 변환에 성공한 과학자가 되었습니다. 질소-14 동위원소에 알파 입자를 충돌시켜 산소-17과 수소-1 동위원소로 바꾸었습니다.

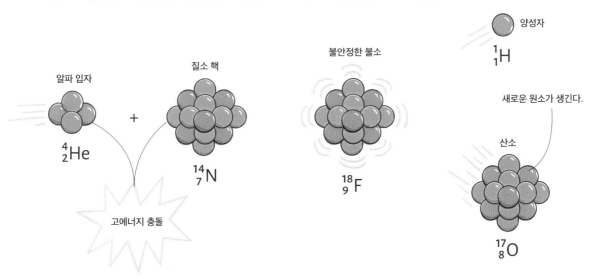

핵 방정식

핵 방정식은 핵반응을 나타내는 공식입니다. 핵반응이 일어날 때 **어미핵**은 입자를 방출(**붕괴 반응**)하거나 흡수(**포획 반응**)하며 딸핵으로 변합니다. **핵융합 반응**에서는 가벼운 어미핵 2개가 충돌해 융합하며 더 무거운 딸핵이 됩니다. **핵분열 반응**에서는 무거운 어미핵 1개가 2개 이상의 가벼운 딸핵으로 나뉩니다. 핵분열과 핵융합 과정에서는 핵입자 또는 감마선 복사가 나옵니다. 핵 방정식에서 원자량과 원자 번호는 반드시 보존됩니다.

복사의 종류

핵반응 과정에서 어미핵이 흔히 방출하거나 포획하는 입자와 복사에는 몇 가지 종류가 있습니다.

	알파 입자: 원자핵에서 튀어나온 헬륨 원자핵.	$_2^4\alpha = {_2^4}He$
	베타 입자: 원자핵에서 튀어나온 전자.	$_{-1}^{0}\beta = {_{-1}^{0}}e$
	양전자: 원자핵에서 튀어나옴.	$_{+1}^{0}\beta = {_{+1}^{0}}e$
	양성자: 특수한 실험실 환경일 때 핵에서 나옴.	$_1^1H = {_1^1}p$
	중성자: 핵반응 과정에서 나옴.	$_0^1n$
	감마선: 원자핵에서 나오는 고에너지 광자.	$_0^0\gamma$

핵반응

붕괴 반응일 때 어미핵은 입자 또는 복사선을 방출하고 딸핵으로 변합니다. 예를 들어, 라돈-222가 알파 붕괴할 때 어미핵은 알파 입자를 방출하며, 새로운 딸핵인 폴로늄-218이 생겨납니다.

어미핵

딸핵

알파 입자

알파 붕괴

218 + 4 = 222

원자량은 보존된다.

$_{86}^{222}Ra$ → $_{84}^{218}Po$ + $_2^4He$

질량수와 전하는 보존된다.

원자 번호는 보존된다.

84 + 2 = 86

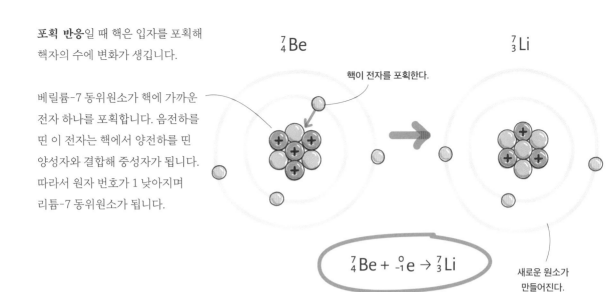

포획 반응일 때 핵은 입자를 포획해 핵자의 수에 변화가 생깁니다.

베릴륨-7 동위원소가 핵에 가까운 전자 하나를 포획합니다. 음전하를 띤 이 전자는 핵에서 양전하를 띤 양성자와 결합해 중성자가 됩니다. 따라서 원자 번호가 1 낮아지며 리튬-7 동위원소가 됩니다.

$^{7}_{4}\text{Be}$

핵이 전자를 포획한다.

$^{7}_{3}\text{Li}$

새로운 원소가 만들어진다.

$$^{7}_{4}\text{Be} + ^{0}_{-1}\text{e} \rightarrow ^{7}_{3}\text{Li}$$

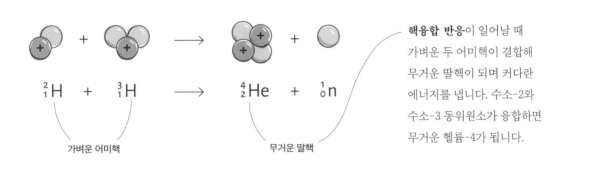

핵융합 반응이 일어날 때 가벼운 두 어미핵이 결합해 무거운 딸핵이 되며 커다란 에너지를 냅니다. 수소-2와 수소-3 동위원소가 융합하면 무거운 헬륨-4가 됩니다.

$^{2}_{1}\text{H}$ + $^{3}_{1}\text{H}$ → $^{4}_{2}\text{He}$ + $^{1}_{0}\text{n}$

가벼운 어미핵

무거운 딸핵

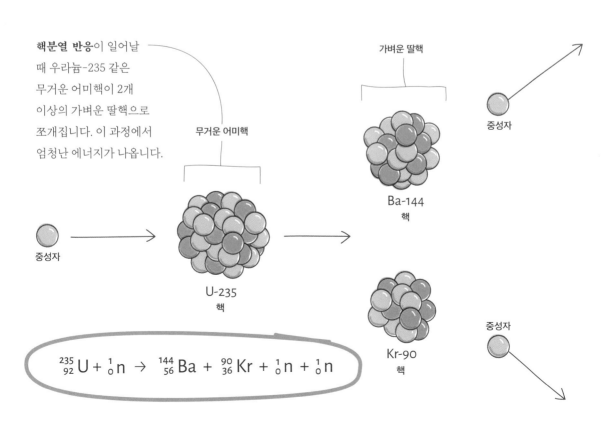

핵분열 반응이 일어날 때 우라늄-235 같은 무거운 어미핵이 2개 이상의 가벼운 딸핵으로 쪼개집니다. 이 과정에서 엄청난 에너지가 나옵니다.

무거운 어미핵

가벼운 딸핵

중성자

Ba-144
핵

중성자

U-235
핵

Kr-90
핵

중성자

$$^{235}_{92}\text{U} + ^{1}_{0}\text{n} \rightarrow ^{144}_{56}\text{Ba} + ^{90}_{36}\text{Kr} + ^{1}_{0}\text{n} + ^{1}_{0}\text{n}$$

반감기와 방사성 동위원소의 활용

방사성 동위원소의 핵은 불안정해 방사성 붕괴를 거쳐 좀 더 안정한 원소로 바뀝니다. 방사성 동위원소의 종류에 따라 방사성을 잃어버리는 데 걸리는 시간이 다릅니다. 어떤 원소는 다른 원소보다 빨리 잃지요. 방사능 또는 핵의 안정성은 **반감기**로 나타낼 수 있습니다. 반감기는 어떤 표본 속의 방사성 원자 절반이 딸 동위원소로 붕괴하는 데 걸리는 시간입니다.

반감기

자연에 존재하는 동위원소의 자발적인 붕괴는 특정한 시간 동안 특정 비율로 일어납니다. 이 시간을 정확히 절반의 원자가 붕괴하는 데 걸리는 시간인 반감기로 나타낼 수 있습니다. 예를 들어 아이오딘-131은 전자를 방출하며 제논-131로 붕괴하는데, 반감기는 8일입니다.

$$^{131}_{53}I \rightarrow {}^{131}_{54}Xe + {}^{0}_{-1}e$$

아이오딘-131이 20g 있었다고 생각해봅시다. 반감기가 한 번 지난 8일 뒤에는 원래 아이오딘-131 표본이 10g 남고, 나머지 절반은 제논-131로 변했습니다. 반감기가 한 번 지날 때마다 아이오딘-131의 양은 절반으로 줄어듭니다.

아이오딘-131
20g

8일

아이오딘-131
10g

8일

아이오딘-131
5g

아이오딘-131은 갑상샘암을 치료하는 데 쓰입니다. 반감기가 짧아서 오랫동안 인체에 영향을 끼치지 않기 때문에 의학적인 용도로 쓰기에 매우 적합합니다.

갑상샘

환자가 정해진 양의 아이오딘-131 동위원소를 섭취합니다.

반감기를 겪은 횟수

아이오딘-131이 소화기관에서 흡수되어 핏속으로 들어갑니다.

갑상샘은 몸에 아이오딘을 공급합니다. 따라서 섭취한 아이오딘-131 동위원소가 이곳에 쉽게 쌓입니다.

아이오딘-131 동위원소가 방사선을 내뿜으며 붕괴합니다. 방사선은 건강한 세포의 피해를 최소화하며 주변의 암세포를 죽입니다.

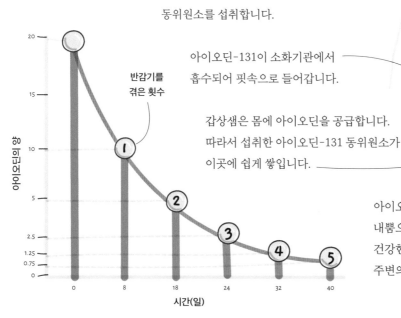

시간(일)

어떤 방사성 동위원소는 1초도 되지 않아 불안정한 핵의 절반이 붕괴하며, 어떤 원소는 몇 년이 걸리기도 합니다. 예를 들어, 크립톤-101의 반감기는 1000만 분의 1초입니다. 반면 우라늄-238의 반감기는 45.1억 년입니다. 반감기는 방사성 동위원소의 기술적인 활용 방안을 결정하는 중요한 요인입니다.

방사성 동위원소	반감기	응용
테크네튬-99	6시간	뇌, 간, 폐, 신장 영상 촬영
철-59	45일	빈혈 발견
아이오딘-131	8일	갑상샘암 치료
코발트-60	5.3년	방사선 암 치료
우라늄-235	7.04×10^8년	원자력발전
탄소-14	5730년	고고학 연대측정
세슘-137	30년	암 치료

핵의학

반감기가 짧은 방사성 동위원소는 의료 진단과 치료에 쓰입니다. 진단용 의료 영상 촬영에는 **추적자**라고 부르는 비교적 약한 방사성 동위원소가 쓰이지만, 암을 치료하는 **방사선 요법**에는 훨씬 더 강한 외부 방사선을 사용합니다.

양전자 방출 단층촬영(PET)은 불소-18을 추적자로 사용해 뇌암을 진단합니다. 환자의 몸에 주입한 추적자는 뇌에 쌓인 뒤 양전자(전자의 반입자 또는 반물질)를 방출합니다. 양전자는 뇌 조직의 전자와 결합해 감마선을 내뿜습니다.

뇌에서 나오는 감마선을 감지해 조직의 활동성에 따라 정상인 영역과 암이 있는 영역을 보여주는 영상을 만듭니다.

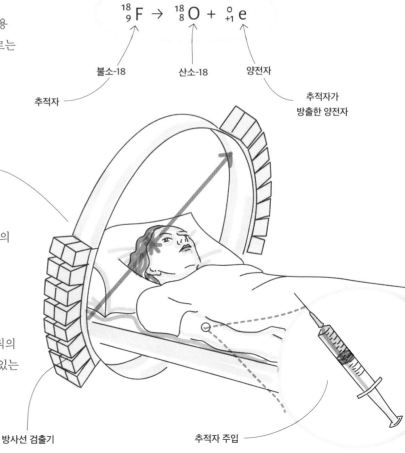

$$^{18}_{9}F \rightarrow {}^{18}_{8}O + {}^{0}_{+1}e$$

불소-18
추적자

산소-18

양전자

추적자가 방출한 양전자

방사선 검출기

추적자 주입

동위원소 연대 측정

자연에 존재하는 여러 방사성 동위원소의 반감기를 알고 있다면, 고고학적 대상의 연대를 측정하는 건 어렵지 않습니다. 방사능을 이용해 바위나 광물, 식물, 다양한 식물의 연대를 알아낼 수 있지요.

탄소-14 연대 측정법은 생물 표본의 나이를 알아내기 위해 흔히 사용하는 방법입니다. 우주에서 날아오는 방사선 속의 중성자는 대기 중의 질소-14 동위원소와 충돌해 탄소-14가 됩니다. 탄소-14는 이산화탄소의 형태로 식물에 흡수됩니다.

동물과 사람은 식물을 먹을 때 탄소-14를 흡수합니다. 생명체가 죽은 뒤에는 더 이상 탄소-14가 쌓이지 않습니다. 그리고 죽은 조직 안에 있던 탄소-14는 다시 질소-14로 붕괴하기 시작합니다. 생물 화석 속의 탄소-질소 비를 조사하면 표본이 얼마나 오래된 것인지를 알 수 있습니다.

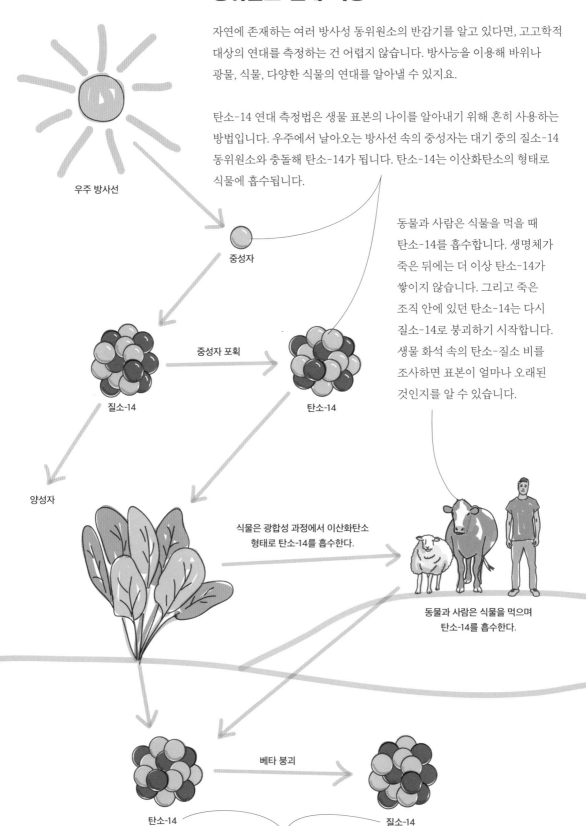

우주 방사선

중성자

중성자 포획

질소-14

탄소-14

양성자

식물은 광합성 과정에서 이산화탄소 형태로 탄소-14를 흡수한다.

동물과 사람은 식물을 먹으며 탄소-14를 흡수한다.

탄소-14

베타 붕괴

질소-14

표본의 C-14:N-14를 알면 연대를 알 수 있다.

원자력

원자력발전은 우라늄-235 동위원소가 분열할 때 생기는 에너지를 이용해
물을 끓여 증기를 만듭니다. 그 증기로 커다란 터빈을 돌려 열에너지를
기계 에너지로 바꾸고, 다시 발전기를 돌려 전기에너지로 만듭니다.

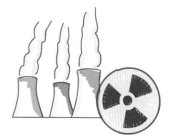

새로 생겨난 중성자는 원자로에 있는 다른 우라늄-235 동위원소를 때리며
더 많은 중성자와 딸핵을 만들어냅니다. 이 **연쇄 반응**은 기하급수적으로
커지며 끊임없이 에너지를 만들어냅니다.

핵분열을 일으키려면 우라늄-235를
중성자로 때려야 합니다. 우라늄이
분열하면 작은 딸핵과 2~3개의
중성자가 생겨납니다.

U-235 핵 9개가 분열한다.

중성자 9개가 방출된다.

U-235 핵 3개가
분열한다.

연쇄 반응으로 생겨난 중성자

중성자

U-235

제어봉으로 중성자의
수를 조절한다.

중성자 3개가
방출된다.

증기가 나와 터빈을 돌린다.

증기 발생기

연료봉에는 U-235가
들어있다.

가압식 수로

원자로 안의 제어봉은 중성자를 흡수해 핵분열
반응을 제어합니다. 핵폭탄처럼 한순간에
엄청난 에너지를 방출하지 않고 그보다 적은
양의 에너지를 꾸준히 생산하게 합니다.

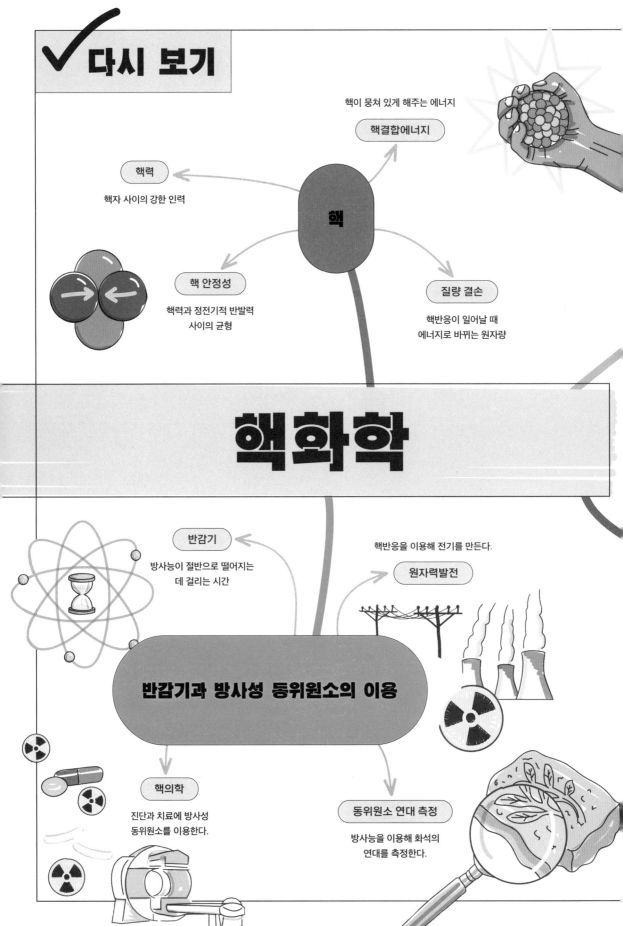

✓ 다시 보기

핵이 뭉쳐 있게 해주는 에너지

핵결합에너지

핵력

핵자 사이의 강한 인력

핵

핵 안정성

핵력과 정전기적 반발력
사이의 균형

질량 결손

핵반응이 일어날 때
에너지로 바뀌는 원자량

핵화학

반감기

방사능이 절반으로 떨어지는
데 걸리는 시간

핵반응을 이용해 전기를 만든다.

원자력발전

반감기과 방사성 동위원소의 이용

핵의학

진단과 치료에 방사성
동위원소를 이용한다.

동위원소 연대 측정

방사능을 이용해 화석의
연대를 측정한다.

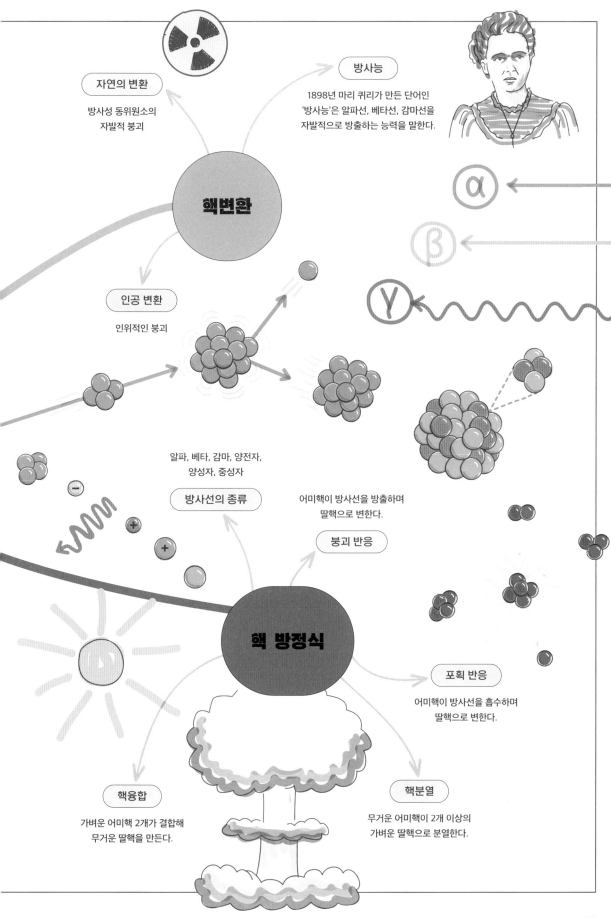

방사능

1898년 마리 퀴리가 만든 단어인 '방사능'은 알파선, 베타선, 감마선을 자발적으로 방출하는 능력을 말한다.

자연의 변환

방사성 동위원소의 자발적 붕괴

핵변환

인공 변환

인위적인 붕괴

알파, 베타, 감마, 양전자, 양성자, 중성자

방사선의 종류

어미핵이 방사선을 방출하며 딸핵으로 변한다.

붕괴 반응

핵 방정식

포획 반응

어미핵이 방사선을 흡수하며 딸핵으로 변한다.

핵융합

가벼운 어미핵 2개가 결합해 무거운 딸핵을 만든다.

핵분열

무거운 어미핵이 2개 이상의 가벼운 딸핵으로 분열한다.

4장

원자 속 전자

화학 결합을 설명하려면 반드시 원자 속 전자의 행동을
이해해야 합니다. 전자는 아무렇게나 놓여 있는 게 아니라
원자핵 바깥쪽에 일정한 순서로 배열되어 있습니다. 전자는
모두 똑같은 음전하와 질량, 부피를 지니고 있지만, 핵에
얼마나 가까운지에 따라 에너지 차이가 있습니다. 에너지가
가장 낮은 전자가 핵과 가장 가까운 곳에 있습니다.
그곳에서는 핵 속의 양성자에게서 받는 인력이 가장
강합니다. 전자는 핵 주위를 돌아다니는 입자지만, 파동과
같은 성질을 보이기도 합니다. 전자의 이런 **입자-파동성**은
화학 결합과 반응을 이해하는 핵심 요소입니다.

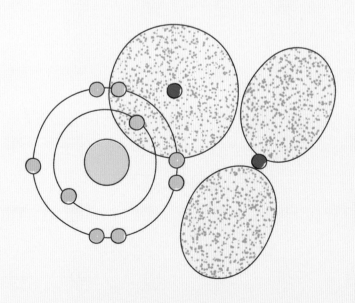

전자기 복사: 빛

전자기 복사는 **광자**라고 하는 질량이 없는 '입자'의 파동을 통해 움직이는 에너지입니다. 불의 열기, 태양에서 나오는 빛, 병원에서 사용하는 엑스선, 전자레인지가 음식을 데우는 에너지 모두 전자기 복사의 형태입니다. 이렇게 다양한 전자기 복사를 이루는 광자의 에너지는 제각기 다릅니다. 보조 장치가 없다면 우리는 다양한 전자기 복사의 아주 일부만을 볼 수 있습니다. 이 영역을 **가시광선** 또는 **가시 스펙트럼**이라고 부릅니다.

전자기 복사를 이루는 광자는 파동 형태를 한 채 일정한 속도로 공간 속을 움직입니다. 이 파동은 **에너지**(E)와 **파장**(λ), **진동수**(ν)를 이용해 나타낼 수 있습니다. 진동수는 1초에 주기가 몇 번 반복되는지를 나타내는 수치로 **헤르츠**(Hz)를 단위로 사용합니다. 이 세 가지 양은 수학적으로 서로 연관되어 있습니다.

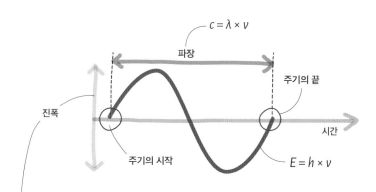

파동의 **진폭**(높이)은 빛의 밝기 또는 세기와 관련 있습니다. 진폭이 클수록 빛이 더 밝습니다. 매초 반복되는 주기의 수가 커지면 진동수가 커집니다. 진동수가 큰 빛은 진동수가 작은 빛보다 에너지가 큽니다. 파장이 커지면, 진동수(빛의 에너지)는 작아집니다.

적외선에서 자외선까지의 좁은 영역(가시광선 포함)은 에너지가 낮아 적당한 양이면 사람에게 해롭지 않습니다.

자외선보다 진동수가 큰 빛은 광자의 에너지가 커서 조직에 손상을 입힙니다. 이 영역의 빛은 생체 조직의 원자와 분자에서 전자를 제거할 수 있어 **이온화 복사**라고 부릅니다. 적외선보다 진동수가 작은 빛은 이온화를 하지 않습니다. 조직에 손상을 입힐 만큼 에너지가 크지 않기 때문입니다.

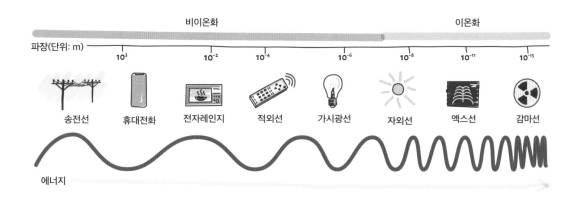

전자의 배열: 보어 모형

18~19세기 화학자들은 다양한 화합물을 태우는 불꽃 실험을 하며 불꽃의 색을 보고 화합물에 들어 있는 원소를 알아냈습니다. 이후 원자의 구조를 알게 된 과학자들은 각각의 원소가 어떻게 고유한 색깔을 내는지 설명할 수 있게 되었습니다. 불꽃 실험의 열에너지는 원자핵에 변화를 일으킬 정도로 크지 않으므로 색은 핵 바깥쪽 전자가 어떻게 행동하는지에 달려 있다는 뜻이었습니다.

1913년 보어는 원자 모형을 제안하며, 향후 양자 모형의 기반을 제공했습니다. 전자는 오로지 '양자'라고 하는 특정한 에너지양만 가질 수 있으며, 핵에서 일정한 거리만큼 떨어진 궤도에 있다는 내용이었습니다. 보어의 모형은 수소 원자에 대해서만 옳았지만, 결정적인 정보를 제공해 이후 더욱 정확한 모형이 등장할 수 있었습니다.

연속 스펙트럼과 선 스펙트럼

백열등에서 나온 빛이 프리즘을 통과하면 빨간색에서 보라색에 이르는 무지개색이 보입니다. 각각의 색은 뚜렷한 경계 없이 이어져 있기 때문에 이렇게 눈에 보이는 색의 띠를 **연속 스펙트럼**이라고 부릅니다.

불꽃 실험이나 어떤 기체 원소를 채운 백열등에서 나오는 빛이 프리즘을 통과하면 사뭇 다른 모습이 보입니다. 연속 스펙트럼이 아닌 어두운 바탕 위에 밝고 뚜렷한 색 몇 줄이 보이지요. 이렇게 일부 색이 빠져 있는 것을 **선 스펙트럼**이라고 합니다.

불꽃 실험에서 각 원소는 서로 다른 색깔을 냅니다. 따라서 각 원소의 선 스펙트럼은 고유하고, 이를 이용해 원소의 종류를 확인할 수 있습니다.

프리즘

프리즘

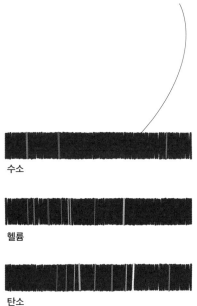

수소

헬륨

탄소

보어의 모형

보어는 다양한 원소의 선 스펙트럼을 설명하기 위해 원자 모형을 제안했습니다. 보어의 모형에 따르면, 전자는 핵에서 일정한 거리만큼 떨어진 원 궤도에 놓입니다. 이런 궤도에 **주양자수 n**으로 번호를 매깁니다. 핵에 가장 가까운 첫 번째 궤도의 n은 1이며, 에너지가 가장 낮습니다. 핵으로부터 멀어질수록 에너지는 커지고, n의 값도 커집니다.

전자는 양전하를 띤 핵으로부터 정전기력 인력을 받기 때문에 핵에 가장 가까이 있는 것을 선호합니다. 전자가 가장 낮은 에너지 궤도를 점유하고 있을 때 원자는 **바닥상태**에 있다고 합니다.

들뜬 상태에 있는 전자는 불안정합니다. 전자가 바닥상태로 돌아갈 때 특정 파장과 진동수, 에너지를 지닌 광자가 방출됩니다.

전자가 광자를 흡수하며 높은 에너지 준위로 올라간다.

들뜬 상태의 전자

증가하는 에너지

$n = 3$

$n = 2$

$n = 1$

핵

$$\Delta E = E_3 - E_1$$

전자가 광자를 방출하며 낮은 에너지 준위로 내려간다.

$$E_n = -2.178 \times 10^{-18} \text{J} \left(\frac{1}{n^2}\right)$$

불꽃 실험을 하거나 전구를 켤 때는 바닥상태에 있던 전자가 에너지를 얻어서 더 높은 궤도로 이동합니다. 얼마나 높은 궤도로 올라가는지는 외부 에너지를 얼마나 많이 흡수하는지에 따라 달라집니다. 하지만 원자는 이제 **들뜬 상태**가 됩니다.

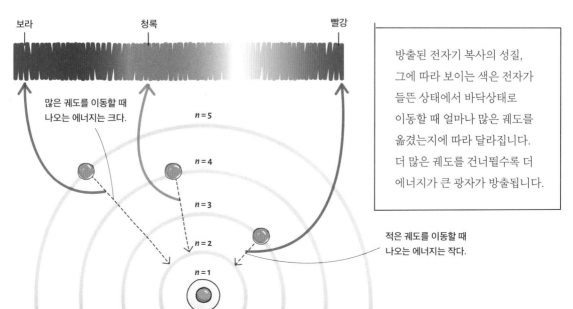

보라　　　　　청록　　　　　빨강

많은 궤도를 이동할 때 나오는 에너지는 크다.

$n = 5$

$n = 4$

$n = 3$

$n = 2$

$n = 1$

적은 궤도를 이동할 때 나오는 에너지는 작다.

방출된 전자기 복사의 성질, 그에 따라 보이는 색은 전자가 들뜬 상태에서 바닥상태로 이동할 때 얼마나 많은 궤도를 옮겼는지에 따라 달라집니다. 더 많은 궤도를 건너뛸수록 더 에너지가 큰 광자가 방출됩니다.

전자껍질의 분포

각 궤도에 들어갈 수 있는 전자의 수는 주양자수에 따라 커집니다. 보어는 각 껍질에 들어갈 수 있는 전자의 최대 수가 $2n^2$개라고 설명했습니다.

전자의 수는 원자핵 속의 양성자 수인 원자 번호와 같습니다. 보어 모형에서 원자 안의 모든 전자는 에너지 궤도 위에 분포하고 있습니다.

$n = 3 \rightarrow 2n^2 = 18$ 전자

$n = 2 \rightarrow 2n^2 = 8$ 전자

$n = 1 \rightarrow 2n^2 = 2$ 전자

핵

주양자수 **n**은 주기율표의 주기(가로줄)를 나타냅니다. 리튬과 불소는 모두 두 번째 궤도까지 전자가 있습니다. 따라서 둘 다 2주기에 자리합니다.

알루미늄은 세 번째 궤도까지 전자가 있습니다. 따라서 3주기에 자리합니다.

주기율표의 2주기

주기율표의 3주기

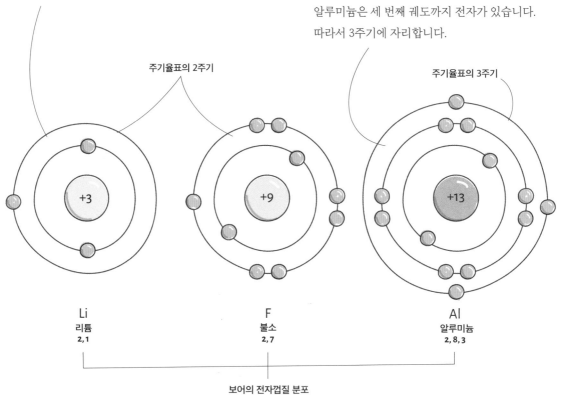

Li
리튬
2, 1

F
불소
2, 7

Al
알루미늄
2, 8, 3

보어의 전자껍질 분포

전자의 배열: 양자 모형

보어의 원자 모형은 전자가 1개인 수소의 선 스펙트럼을 상당히 잘 설명했습니다. 그러나 전자가 많은 원소의 복잡한 스펙트럼을 설명하지 못했습니다. 이후 더욱 정교하고 정확한 **양자 모형**이 등장했습니다. 이 모형에서 원자는 사실상 확률 지도라고 할 수 있으며, 전자는 입자이자 파동으로 다루어집니다. 전자는 궤도를 도는 것이 아니라 **오비탈**에 놓이며, 그 위치는 정확하지 않은 확률로 나타납니다. 원자의 오비탈은 전자의 수에 따라 수와 형태가 달라지며, 이런 오비탈의 에너지와 형태, 기타 성질은 **양자수**로 나타냅니다.

오비탈

오비탈은 핵을 둘러싸고 있는 3차원의 확률 영역입니다. 전자가 있을 수 있는 영역을 나타냅니다. 주기율표에는 네 가지 오비탈 유형(**s**, **p**, **d**, **f**)이 있지만, 이중 어느 오비탈에 전자가 있을지는 전자의 수에 따라 달라집니다.

만약 핵 주위를 이리저리 돌아다니는 전자를 찍을 수 있는 카메라가 있다면, 전자가 있었던 위치를 보여주는 사진을 볼 수 있을 겁니다. 이런 위치의 90%를 모은 것이 오비탈의 형태입니다.

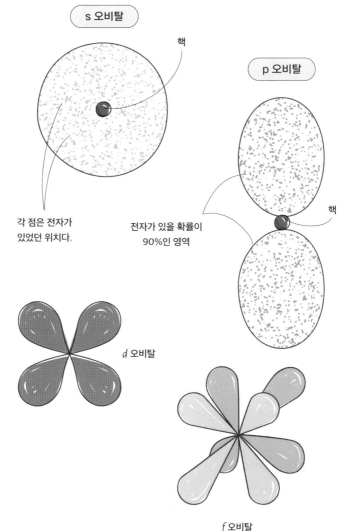

s 오비탈

핵

각 점은 전자가 있었던 위치다.

p 오비탈

핵

전자가 있을 확률이 90%인 영역

d 오비탈

p 오비탈

s 오비탈

f 오비탈

오비탈을 묘사할 때 우리는 양자역학 모형으로 계산한 전자의 모든 가능한 위치 중 90%를 나타내는 기하학적 경계를 그립니다.

껍질과 부껍질

양자 모형에서 주양자수로 나타내는 각 에너지 껍질은 n개의 부껍질로 나뉩니다. 부껍질은 n값과 가능한 오비탈을 나타내는 알파벳 문자로 나타냅니다.

1번 껍질＝부껍질 1개

2번 껍질＝부껍질 2개

3번 껍질＝부껍질 3개

4번 껍질＝부껍질 4개

양자수

양자수는 원자에 있는 전자와 전자가 있는 특정 오비탈을 묘사하는 여러 수를 말합니다. 원자의 전자를 설명하는 데는 네 가지 양자수가 필요합니다.

먼저 세 수는 껍질, 부껍질, 핵 주위의 오비탈 안에서 전자의 위치를 나타냅니다. 공간 속에서 물체의 위치를 나타낼 때 x, y, z 좌표를 사용하는 것과 비슷합니다.

오비탈 안의 전자는 축을 주위로 회전하는 작은 대전된 공처럼 행동합니다. 이 회전(스핀) 때문에 작은 자기장과 네 번째 양자수인 **자기 스핀 양자수(m_s)** 가 생깁니다.

이름	기호	허용값	의미
주양자수	n	1, 2, 3, 4…	에너지와 껍질의 크기
각운동량 양자수	l	0, 1, 2…n−1	하위 준위의 에너지와 오비탈의 형태 l=0이면 s 부껍질 l=1이면 p 부껍질 l=2이면 d 부껍질 l=3이면 f 부껍질
자기 양자수	m_l	−l…0…+1	오비탈의 방향
스핀 양자수	m_s	+1/2, −1/2	전자의 스핀

자기 스핀 양자수는 +1/2
또는 −1/2이라는 두 가지
값만 가질 수 있습니다. 이
값은 전자스핀의 방향이
다름을 나타냅니다.

양자수는 각 주양자수의
부껍질과 오비탈, 전자의
수를 결정합니다.

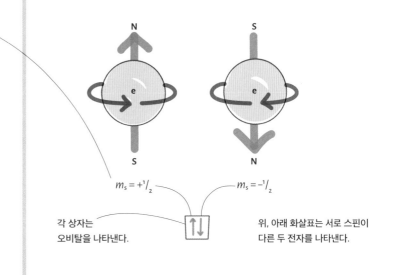

$m_s = +^1/_2$ $m_s = -^1/_2$

각 상자는
오비탈을 나타낸다.

위, 아래 화살표는 서로 스핀이
다른 두 전자를 나타낸다.

오비탈과 전자의 스핀

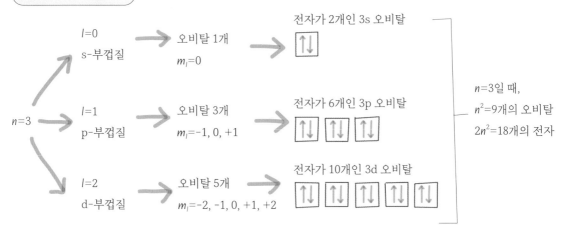

$l=0$
s-부껍질

오비탈 1개
$m_l=0$

전자가 2개인 3s 오비탈

$n=3$

$l=1$
p-부껍질

오비탈 3개
$m_l=-1, 0, +1$

전자가 6개인 3p 오비탈

$l=2$
d-부껍질

오비탈 5개
$m_l=-2, -1, 0, +1, +2$

전자가 10개인 3d 오비탈

$n=3$일 때,
$n^2=9$개의 오비탈
$2n^2=18$개의 전자

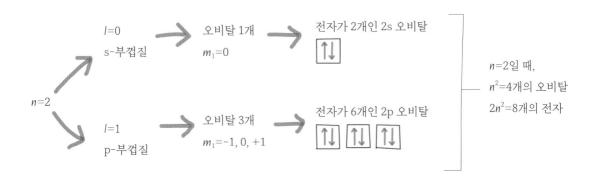

$l=0$
s-부껍질

오비탈 1개
$m_1=0$

전자가 2개인 2s 오비탈

$n=2$

$l=1$
p-부껍질

오비탈 3개
$m_1=-1, 0, +1$

전자가 6개인 2p 오비탈

$n=2$일 때,
$n^2=4$개의 오비탈
$2n^2=8$개의 전자

$n=1$

$l=0$
s-부껍질

오비탈 1개
$m_1=0$

전자가 2개인 1s 오비탈

$n=1$일 때,
$n^2=1$개의 오비탈
$2n^2=2$개의 전자

전자 배치

원자의 전자가 오비탈에 분포하고 있는 모습을 **전자 배치**라고 부릅니다. 1925년 볼프강 파울리는 양자 모형에 따라 전자의 배열을 지배하는 원리를 발견했습니다. 원자 안에 있는 전자는 양전하인 핵에 이끌리는 정전기적 인력 때문에 가능한 한 가장 낮은 에너지 준위를 채우려고 합니다. 그다음으로는 보어가 말한 궤도에 전자가 들어갈 수 있는 최대 수에 따라 전자가 나뉘어 들어가며 전자 배치가 이루어집니다. 이런 과정을 **쌓음 원리**라고 부릅니다.

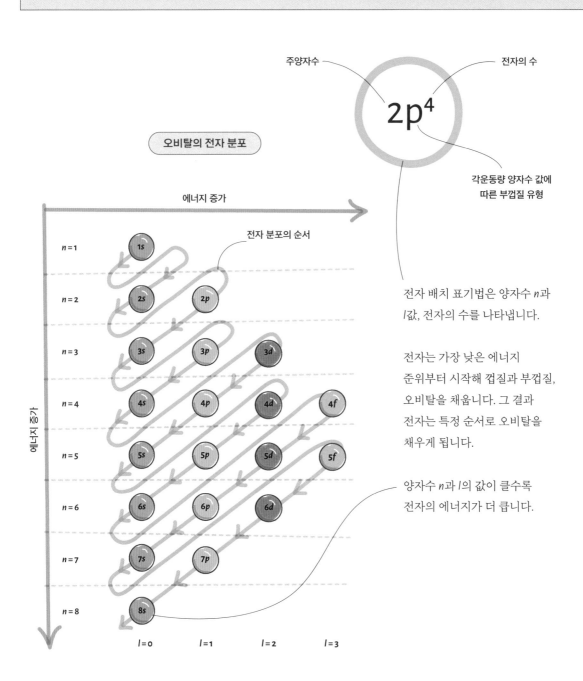

주양자수

전자의 수

$$2p^4$$

각운동량 양자수 값에 따른 부껍질 유형

오비탈의 전자 분포

에너지 증가

전자 분포의 순서

$n = 1$ 1s

$n = 2$ 2s   2p

전자 배치 표기법은 양자수 n과 l값, 전자의 수를 나타냅니다.

$n = 3$ 3s   3p   3d

전자는 가장 낮은 에너지 준위부터 시작해 껍질과 부껍질, 오비탈을 채웁니다. 그 결과 전자는 특정 순서로 오비탈을 채우게 됩니다.

$n = 4$ 4s   4p   4d   4f

$n = 5$ 5s   5p   5d   5f

양자수 n과 l의 값이 클수록 전자의 에너지가 더 큽니다.

$n = 6$ 6s   6p   6d

$n = 7$ 7s   7p

$n = 8$ 8s

에너지 증가

$l = 0$ $l = 1$ $l = 2$ $l = 3$

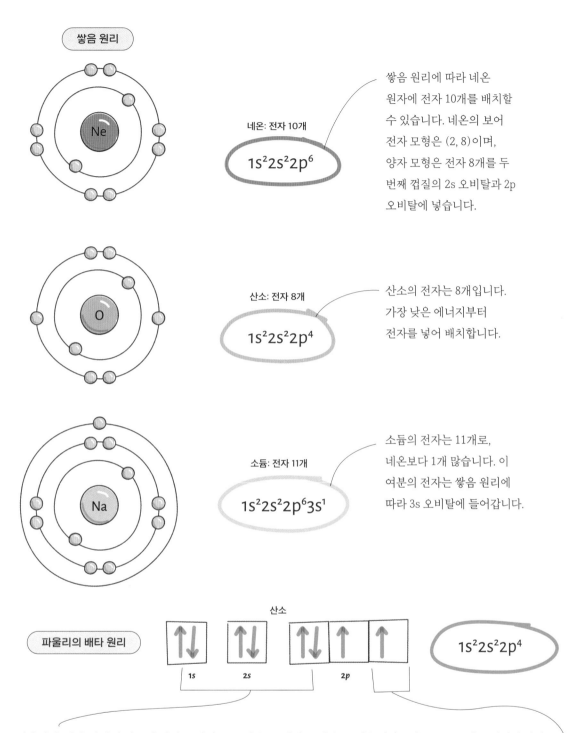

쌓음 원리

네온: 전자 10개

$$1s^2 2s^2 2p^6$$

쌓음 원리에 따라 네온 원자에 전자 10개를 배치할 수 있습니다. 네온의 보어 전자 모형은 (2, 8)이며, 양자 모형은 전자 8개를 두 번째 껍질의 2s 오비탈과 2p 오비탈에 넣습니다.

산소: 전자 8개

$$1s^2 2s^2 2p^4$$

산소의 전자는 8개입니다. 가장 낮은 에너지부터 전자를 넣어 배치합니다.

소듐: 전자 11개

$$1s^2 2s^2 2p^6 3s^1$$

소듐의 전자는 11개로, 네온보다 1개 많습니다. 이 여분의 전자는 쌓음 원리에 따라 3s 오비탈에 들어갑니다.

산소

파울리의 배타 원리

1s   2s   2p

$$1s^2 2s^2 2p^4$$

파울리의 배타 원리에 따르면 양자수 넷이 모두 같은 두 전자는 있을 수 없습니다. n과 l, m_l은 특정 오비탈에 따라 정해져 있으므로, 같은 오비탈에 놓인 두 번째 전자는 반드시 자기 스핀 양자수 m_s가 달라야만 합니다. 자기 스핀 양자수는 오로지 두 값만이 가능하므로 한 오비탈에는 전자가 2개까지만 들어갈 수 있다는 뜻이 됩니다.

훈트의 최대 다중도 법칙에 따르면, 스핀 양자수가 똑같은 전자가 먼저 한 번에 1개씩 오비탈을 채웁니다. 그 뒤에 스핀이 반대인 전자와 짝을 이루기 시작합니다. 이런 전자 배치는 에너지를 더 낮춰 원자를 더 안정적으로 만듭니다.

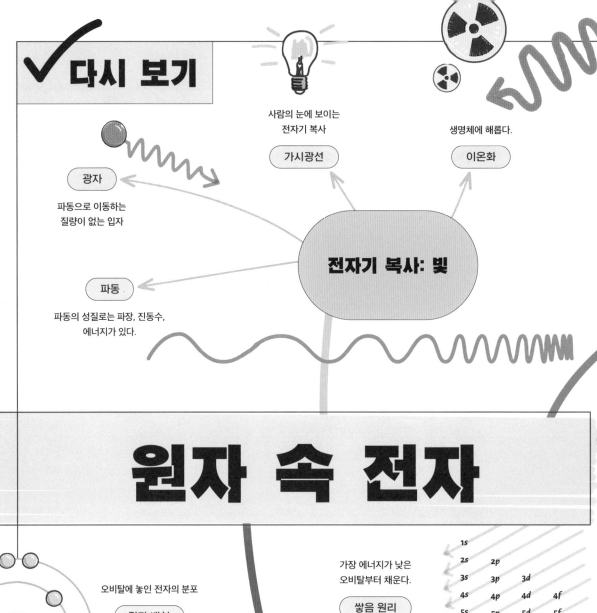

사람의 눈에 보이는
전자기 복사

가시광선

생명체에 해롭다.

이온화

광자

파동으로 이동하는
질량이 없는 입자

전자기 복사: 빛

파동

파동의 성질로는 파장, 진동수,
에너지가 있다.

원자 속 전자

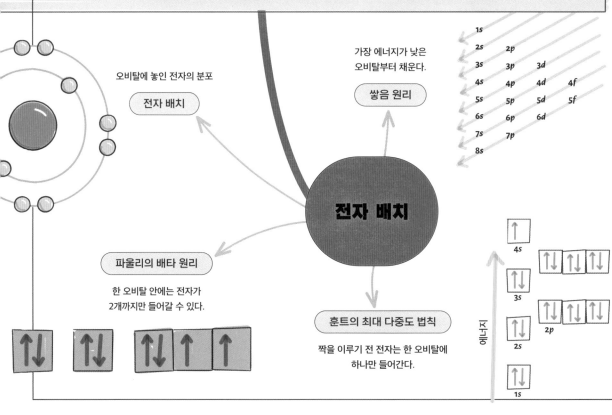

오비탈에 놓인 전자의 분포

전자 배치

가장 에너지가 낮은
오비탈부터 채운다.

쌓음 원리

1s			
2s	2p		
3s	3p	3d	
4s	4p	4d	4f
5s	5p	5d	5f
6s	6p	6d	
7s	7p		
8s			

전자 배치

파울리의 배타 원리

한 오비탈 안에는 전자가
2개까지만 들어갈 수 있다.

훈트의 최대 다중도 법칙

짝을 이루기 전 전자는 한 오비탈에
하나만 들어간다.

에너지

4s

3s

2p

2s

1s

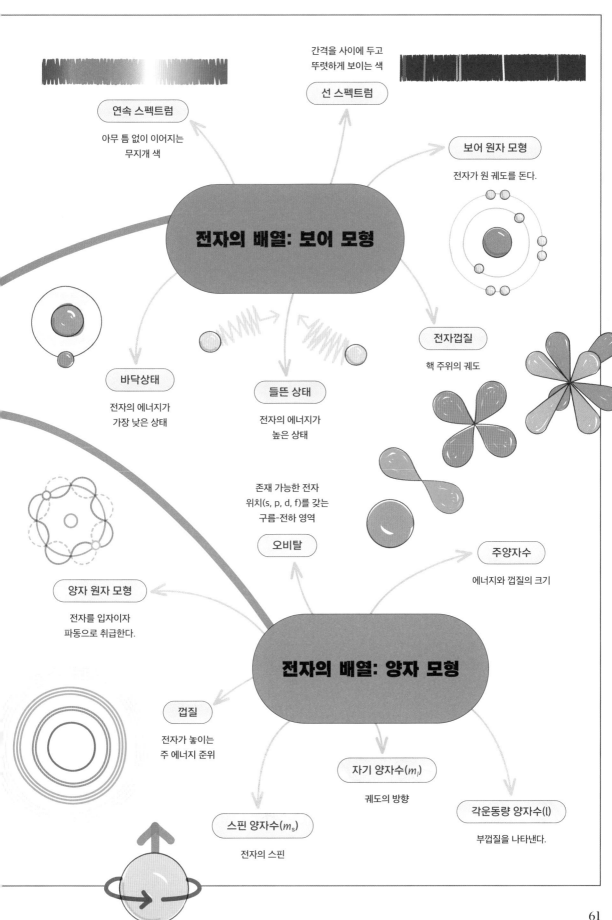

간격을 사이에 두고
뚜렷하게 보이는 색

선 스펙트럼

연속 스펙트럼

아무 틈 없이 이어지는
무지개 색

보어 원자 모형

전자가 원 궤도를 돈다.

전자의 배열: 보어 모형

전자껍질

핵 주위의 궤도

바닥상태

전자의 에너지가
가장 낮은 상태

들뜬 상태

전자의 에너지가
높은 상태

존재 가능한 전자
위치(s, p, d, f)를 갖는
구름-전하 영역

오비탈

주양자수

에너지와 껍질의 크기

양자 원자 모형

전자를 입자이자
파동으로 취급한다.

전자의 배열: 양자 모형

껍질

전자가 놓이는
주 에너지 준위

자기 양자수(m_l)

궤도의 방향

각운동량 양자수(l)

부껍질을 나타낸다.

스핀 양자수(m_s)

전자의 스핀

5장

원소 주기율표

주기율표는 원자 번호를 바탕으로 원소를 정리한 표입니다.
우리는 주기율표에서 질량이나 전자의 수, 전자 배치,
독특한 화학적 성질 같은 원소의 성질을 재빨리 찾아볼 수
있습니다. '주기율표'는 화학적 성질의 주기적인 변화에 따라
원소를 나열했다는 사실에서 붙인 이름입니다. 모든 원소는
주기율표에서 **주기**와 **족**으로 나뉘어 있습니다. 그리고 이것은
전자 배치와 밀접한 관련이 있습니다. 화학적 성질이 비슷한
원소들은 수직선을 이루며 놓여 있습니다. 주기율표의 원소
배열을 보면, 일반적인 성질의 경향성이 분명히 드러나 과학자가
편리하게 모든 원소의 화학적 성질을 예측할 수 있습니다.

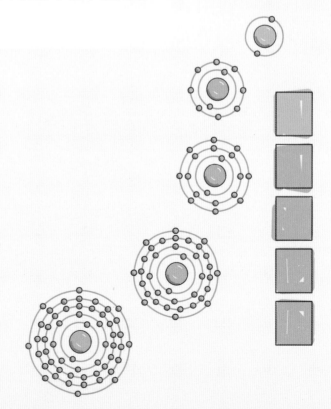

양자수와 주기율표

주기율표에서 어떤 원소의 위치는 전자가 있는 마지막 오비탈의 양자수에 따라 달라집니다. 전자가 있는
마지막 껍질(가장 큰 주양자수 또는 주기 번호)은 **원자가 껍질**로, 화학 결합의 성질과 밀접한 관련이 있습니다.
주기율표에 있는 원소는 전자 배치에 따라 **s구역, p구역, d구역, f구역** 중 한 곳에 속해 있습니다.
전자 배치와 화학적 성질이 예측 가능한 s구역과 p구역에 속한 원소는 **주족원소** 또는 **전형 원소**라고 부릅니다.
d구역에는 **전이금속**이 있으며, f구역에는 **내부 전이금속**이 있습니다.

원소가 속한 주기는
주양자수(n)를 나타냅니다.

원소가 속한 구역은 각운동량
양자수(l) 값을 알려줍니다.

s구역과 **p구역**, **d구역**,
f구역에는 각 주기마다 2, 6,
10, 14개의 족이 있습니다.
이 수는 s, p, d, f 오비탈에
들어갈 수 있는 전자의 수를
나타냅니다. 자기 양자수와
스핀 양자수(m_l과 m_s)는 구역
안의 각 상자로 나타냅니다.

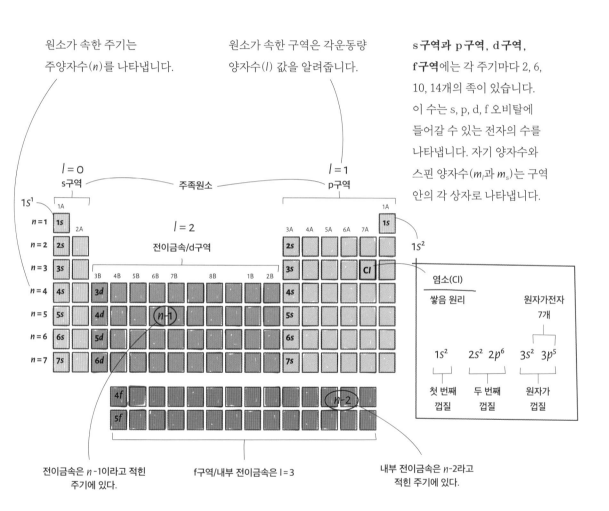

전이금속은 n-1이라고 적힌
주기에 있다.

f구역/내부 전이금속은 l = 3

내부 전이금속은 n-2라고
적힌 주기에 있다.

쌓음 원리를 이용해 원하는 수의
전자에 도달할 때까지 모든
오비탈을 전자로 채웁니다.
그러면 주기율표에서 원소의
위치를 알 수 있습니다.

염소(Cl)의 원자 번호는 17로,
전자는 17개입니다. 염소는
3주기(n=3)에 있으며,
그 번호는 전자 배치에 따른
원자가 껍질과 같습니다.

염소의 **원자가 껍질**에는 전자가
7개 있습니다. 따라서 염소는
주기율표의 7A족(주족원소
중에서 일곱 번째 수직선)에
놓입니다.

안정적인 전자 배치

19세기에 화학자들은 다른 원소와 어떻게 화학적으로 결합하는지에 따라 알고 있는 모든 원소를 정리했습니다.
관찰 결과 **비활성 기체**(주기율표의 8A족에 위치)라고 하는 특정 원소들은 자연 속에서 순수한 형태로
존재한다는 사실을 알아냈습니다. 그건 다른 원소와 거의 혹은 전혀 반응하지 않는다는 뜻입니다.
이런 원소는 화학적으로 비활성이거나 안정적입니다. 화학 반응성은 전자 배치와 직접적인 관련이 있기 때문에
비활성 기체의 전자 배치는 매우 안정적이어야만 합니다. 이후 헬륨을 제외한 모든 비활성 기체는 최외곽 껍질에
원자가전자가 8개(헬륨은 원자가전자가 2개) 있다는 사실이 밝혀졌습니다.

주기율표와 전자 배치

비활성 기체는 안정적이고 화학적으로 비활성이기 때문에 다른 모든 원소는 비활성 원소의 전자 배치를 따르려
합니다. 즉, 헬륨처럼 최외곽 껍질에 원자가전자 2개를 두거나(**듀엣 법칙**) 다른 비활성 기체처럼 최외곽 껍질에
원자가전자 8개를 두려고(**옥텟 규칙**) 합니다.

각 주기는 모든 오비탈이 완전히 차 있는 비활성 기체로 끝이 납니다. 전자가 모두 차 있는 비활성 기체의 이런
전자 배치는 원소 기호에 대괄호를 쳐서 나타냅니다.

전자 배치는 주기율표에서 원소의 위치를 바탕으로 쉽게 기호로 나타낼 수 있습니다.

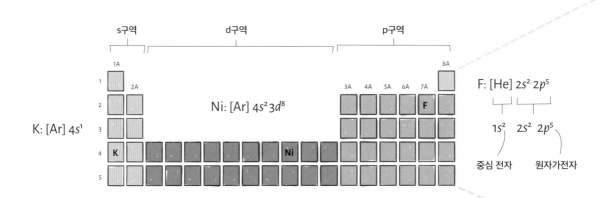

불소(F)의 경우, **정식 전자 배치**를 그리려면 1s 오비탈(수소를 나타내는 첫 번째 상자)에서 시작해
주기율표 위에서 전자가 9개인 불소에 이를 때까지 각 오비탈을 채워 나가는 방식으로 표기합니다.

불소는 2주기에 속합니다. 첫 번째 주기는 헬륨으로 끝납니다. 따라서 중심 전자를 나타내는 [He]로
1주기를 나타내는 방식으로 불소의 약식 전자 배치를 표기할 수 있습니다.

안정적인 전자 배치는 원자가 껍질이 전자로 완전히 차 있는 원자나 이온을 가리킵니다. 비활성 기체의 전자 배치는 안정적입니다. 다른 모든 원소는 전자를 얻거나 잃어야 전자 배치가 안정됩니다.

소듐 원자는 전자 11개 중 하나를 잃고 양이온이 되며 전자 배치가 네온(전자가 10개)과 똑같아집니다.

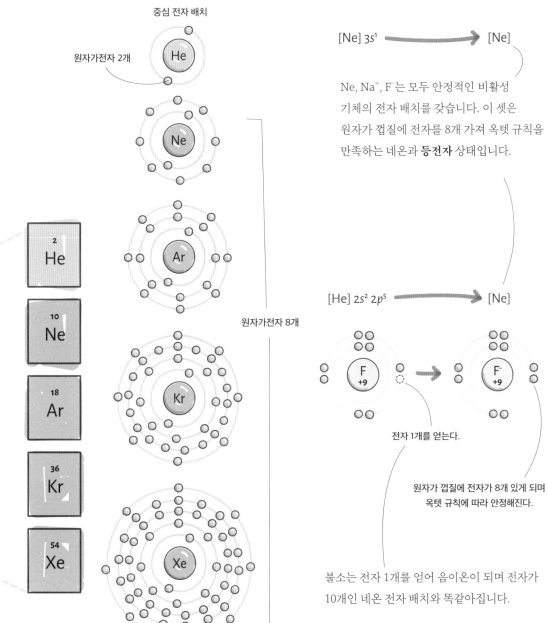

전자 1개를 잃는다.

원자가 껍질에 전자가 8개 있게 되며 옥텟 규칙에 따라 안정해진다.

중심 전자 배치

원자가전자 2개

원자가전자 8개

$[Ne]\ 3s^1$ ⟶ $[Ne]$

Ne, Na^+, F^-는 모두 안정적인 비활성 기체의 전자 배치를 갖습니다. 이 셋은 원자가 껍질에 전자를 8개 가져 옥텟 규칙을 만족하는 네온과 **등전자** 상태입니다.

$[He]\ 2s^2\ 2p^5$ ⟶ $[Ne]$

전자 1개를 얻는다.

원자가 껍질에 전자가 8개 있게 되며 옥텟 규칙에 따라 안정해진다.

불소는 전자 1개를 얻어 음이온이 되며 전자가 10개인 네온 전자 배치와 똑같아집니다.

주족원소의 족 번호는 원자가전자의 수와 같습니다. 따라서 원자가전자가 8개가 되어 안정해지려면
전자를 몇 개 얻거나 잃어야 하는지 쉽게 예측할 수 있습니다.

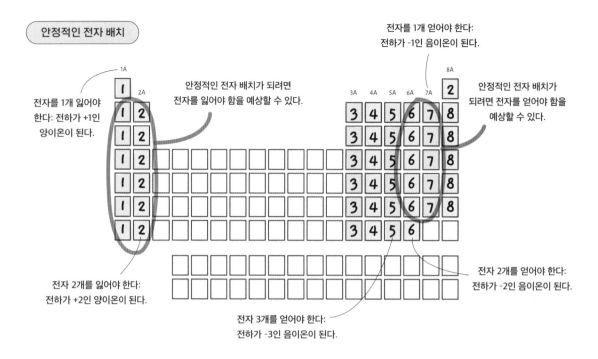

이온의 전자 배치 표기하기

원자는 비활성 기체처럼 전자 배치를 안정적으로 만들기 위해 전자를 얻거나 잃어서 이온이 됩니다.
이온의 전자 배치를 표기할 때는 가장 에너지가 높은 원자가 껍질에서 전자를 추가하거나 제거합니다.
그러므로 이온의 형성에는 오로지 원자가전자만 관여합니다.

양이온의 전자 배치를 표기할 때는 원자가 껍질에서 전자를 **제거**합니다.

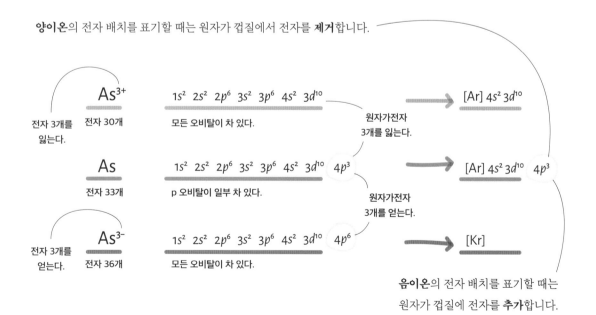

원소의 주기적 분류

관찰할 수 있는 화학적 성질을 원자가전자가 결정하기 때문에 화학적 성질이 비슷한 원소는 주기율표에서 같은 족에 속합니다. 원자는 안정적인 전자 배치를 위해 전자를 잃거나 얻거나 또는 공유합니다. 따라서 비활성 기체에 가까운 족에 속한 원소는 먼 족에 속한 원소와 비교해 더 활발하게 반응합니다. 이런 화학적 성질의 주기적인 성질 변화 덕분에 모든 원소를 **금속**과 **비금속**, **준금속**으로 분류할 수 있습니다.

▣ 금속

- 보통 양이온이 된다.
- 광택이 있다.
- 전성과 연성이 있다.
- 열과 전기를 잘 전달한다.
- 상온에서 대부분 고체다.
- 밀도가 높다.

▣ 준금속

- 전자를 얻을 수도 잃을 수도 있다.
- 금속과 비금속의 중간 성질을 갖는다.
- 일부는 광택이 있고, 일부는 탁하다.
- 일부는 전성이 있다.
- 일부는 연성이 있다.
- 전하에 대해 반도체 성질이 있다.

▣ 비금속

- 비활성 기체를 제외하고 보통 음이온이 된다.
- 광택이 없다.
- 잘 깨진다.
- 전성과 연성이 없다.
- 열과 전기를 잘 전달하지 않는다.
- 상온에서 고체, 액체, 또는 기체다.

1A족의 **알칼리 금속**은 비활성 기체에 가까워 금속 중에서 반응성이 가장 큽니다. 부드럽고 반짝이며, 저장하려면 특별한 방법이 필요합니다. 자연 속에서는 절대 순수한 형태로 존재하지 않습니다.

알칼리 토금속은 알칼리 금속만큼 반응성이 크지는 않지만, 그래도 대부분의 금속보다는 큽니다. 상당히 단단하고 밝은 하얀색을 띠는 편이며, 자연 속에서는 다른 원소와 결합한 상태로 존재합니다.

할로젠은 비활성 기체와 가깝기 때문에 반응성이 매우 큰 비금속입니다. 할로젠을 포함한 화합물을 '할로젠화물'이라고 부릅니다.

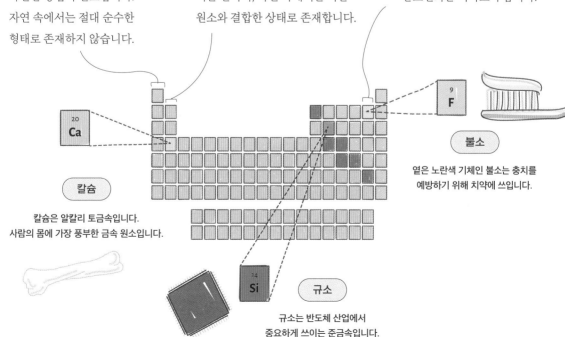

불소

옅은 노란색 기체인 불소는 충치를 예방하기 위해 치약에 쓰입니다.

칼슘

칼슘은 알칼리 토금속입니다. 사람의 몸에 가장 풍부한 금속 원소입니다.

규소

규소는 반도체 산업에서 중요하게 쓰이는 준금속입니다.

주기율 경향

주기율 경향은 주기율표상의 위치에 따른 원소의 서로 다른 측면을 보여주는 예측 가능한 패턴을 말합니다.
원자 반지름, 이온화 에너지, 전자 친화도, 전기음성도, 금속의 이온화 경향이 가장 중요한 경향입니다.
이런 경향은 원소의 성질을 재빨리 예측할 수 있게 해주는 유용한 도구가 됩니다. 전자 배치에 따라
원자 구조가 비슷한 원소끼리 주기와 족으로 나뉘어 있기 때문에 이런 예측 가능한 경향이 존재할 수 있습니다.

주기가 커질수록 가득 또는 부분적으로 차 있는 전자껍질이 많아지므로 **원자 반지름**이 커집니다.

원자는 같은 주기에서 오른쪽으로 갈수록 작아집니다. 새로운 전자껍질이 추가되지 않는 반면 핵의 양전하가 커지면서 전자를 더 가깝게 끌어당겨서 크기가 줄어들기 때문입니다.

이온화 에너지는 기체 상태에 있는 중성 원자에서 전자를 제거하는 데 필요한 에너지입니다. 큰 원자에서는 원자가전자가 핵에서 멀리 떨어져 있으므로 제거하는 데 드는 에너지가 작습니다. 원자가 작을수록 이온화 에너지는 커집니다.

원소의 주기적 성질

이온화 에너지가 커진다.
전기음성도가 높아진다.

원자 반지름이 커진다.
전자 친화도가 커진다.

금속의 이온화 경향이 커진다.

전기음성도가 높아진다.
이온화 에너지가 커진다.

원자 반지름이 작아진다.
전기음성도가 높아진다.

전자 친화도는 원자가 얼마나 쉽게 전자를 받아들이는지를 나타냅니다. 작은 원자의 원자가 껍질은 핵에 더 가까워 더 강한 인력을 받습니다. 따라서 전자를 추가하기 더 쉽습니다. 원자가 작을수록 전자 친화도가 높아집니다.

금속의 이온화 경향은 금속이 화학 반응에서 전자를 잃는 정도를 나타냅니다. 금속의 이온화 경향은 대체로 주기율표의 오른쪽 위에서 왼쪽 아래를 향해 대각선으로 커집니다.

전기음성도는 원자가전자를 끌어당기는 능력을 말합니다. 전자 친화도가 큰 작은 원자일수록 전기음성도가 높습니다. 불소는 주기율표에서 전기음성도가 가장 높은 원소입니다.

루이스 전자점식

원자 사이의 화학 결합이 깨지거나 이루어지는 대부분의 화학 반응에는 원자가전자가 관여합니다.
미국의 화학자 G.N. 루이스는 뛰어난 기호 체계를 만들어 원자가전자를 나타내고 원자가 다른 원자가 결합해
화합물을 이루는 방법을 더욱 쉽게 이해할 수 있게 했습니다. **루이스 전자점식**은 원자가 옥텟 규칙에 따라
안정적인 전자 배치를 이루는 방식과 주족원소가 이온과 화합물을 형성하는 방식을 쉽게 설명해줍니다.

루이스 전자점식 쓰기

루이스 전자점식에서 원자 기호는 원자의 중심(중심 전자와 핵)을 나타냅니다. 그리고 점은 각각 원자가전자 하나를 나타냅니다. 각 원소 기호에는 네 면이 있고, 각각에는 원자가전자가 2개씩 들어가 총 8개가 됩니다(옥텟 규칙).

주족원소의 경우 루이스 전자점식은 원자가 비활성 기체 같은 안정적인 전자 배치를 이루려면 어떻게 해야 하는지 쉽게 보여줍니다.

1단계

주기율표에서 원소를 찾아 기호를 씁니다.

산소는 전자가 8개다.

2단계

원자가전자의 수를 알아냅니다. 산소는 6A(또는 16) 족에 있는 주족원소입니다. 원자가전자는 6개입니다.

3단계

원소 기호의 각 면에 원자가전자를 나타내는 점을 찍습니다. 이때 네 곳에 모두 점을 찍기 전에는 점이 쌍을 이루면 안 됩니다.

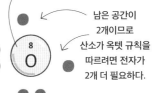

각 점은 원자가전자 하나를 나타내며, 옥텟 규칙에 따라 8개까지 점을 찍을 수 있다.

남은 공간이 2개이므로 산소가 옥텟 규칙을 따르려면 전자가 2개 더 필요하다.

원소 기호는 중심 전자와 핵을 나타낸다.

주족원소 중에서 베릴륨(Be)과 붕소(B)는 특이하게 듀엣 법칙이나 옥텟 규칙을 따르지 않습니다. 이 두 원소는 각각 원자가전자가 2개와 3개인 상태에 완전히 만족합니다.

비활성 기체에 가까운 족에 속한 원소는 더 반응성이 큽니다. 1A족과 7A족은 비활성 기체의 전자 배치와 원자가전자 1개 차이밖에 나지 않아 반응성이 매우 큽니다.

베릴륨은 듀엣 법칙이나 옥텟 규칙을 따르지 않는다.

붕소는 듀엣 법칙이나 옥텟 규칙을 따르지 않는다.

원자가전자의 수

6A

족
원자가전자의 수를
알려준다.

n = 3

양자수(n)를 알려준다.

주기

양자수와 주기율표

p f
s d

s, p, d, f 구역
양자수(l)를 알려준다.

원소 주기율표

원자가전자를
점으로 표시한다.

원자에서 전자를
제거하는 데 드는 에너지

이온화 에너지

루이스 전자점식

전자 친화도
원자가전자를 쉽게
받아들이는 정도

원자 반지름

족을 따라 내려갈수록 커진다. 주기를 따라
왼쪽에서 오른쪽으로 갈수록 줄어든다.

주기율 경향

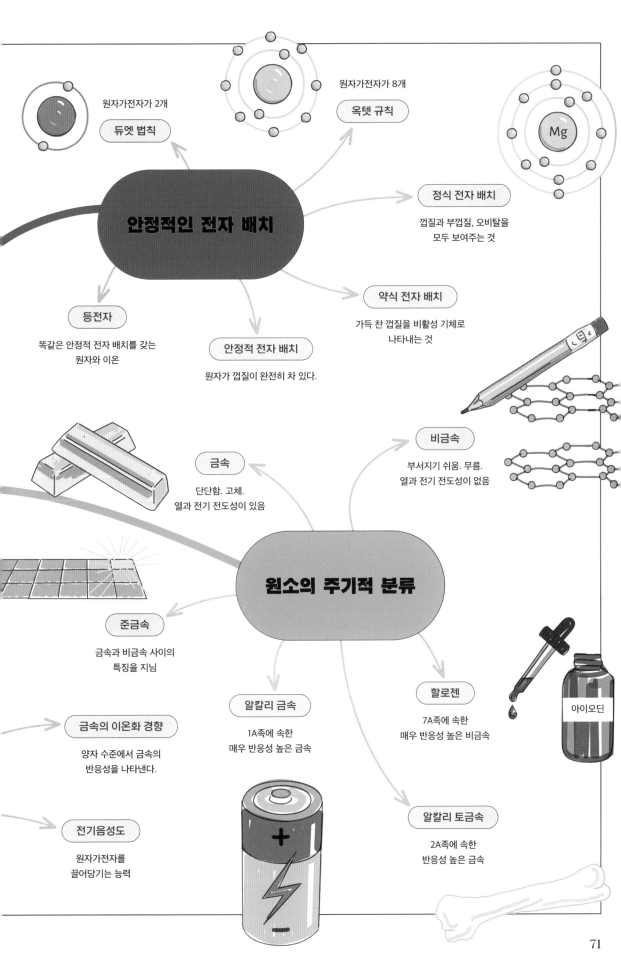

원자가전자가 2개
듀엣 법칙

원자가전자가 8개
옥텟 규칙

안정적인 전자 배치

정식 전자 배치
껍질과 부껍질, 오비탈을
모두 보여주는 것

약식 전자 배치
가득 찬 껍질을 비활성 기체로
나타내는 것

등전자
똑같은 안정적 전자 배치를 갖는
원자와 이온

안정적 전자 배치
원자가 껍질이 완전히 차 있다.

비금속
부서지기 쉬움. 무름.
열과 전기 전도성이 없음

금속
단단함. 고체.
열과 전기 전도성이 있음

원소의 주기적 분류

준금속
금속과 비금속 사이의
특징을 지님

금속의 이온화 경향
양자 수준에서 금속의
반응성을 나타낸다.

전기음성도
원자가전자를
끌어당기는 능력

알칼리 금속
1A족에 속한
매우 반응성 높은 금속

할로젠
7A족에 속한
매우 반응성 높은 비금속

아이오딘

알칼리 토금속
2A족에 속한
반응성 높은 금속

6장

화학 결합

화학 결합은 원자와 이온, 분자 사이에 인력이 작용해 화합물을
형성하는 반응입니다. 화학에서 가장 근본적인 개념의 하나인 화학
결합은 반응성과 물질의 성질 같은 다른 중요한 개념을 설명하는
데 필수적입니다. 실험과 관찰을 바탕으로 원자가 서로 이끌려
화학 반응의 산물을 만드는 이유와 과정을 설명하는 화학 결합
이론이 있습니다. 원자가 서로 가까이 다가가면 원자가전자가
상호작용하며 재배치됩니다. 만약 결합 상태의 에너지가 개별
원자의 에너지 합보다 작으면 안정적인 화학 결합이 이루어집니다.

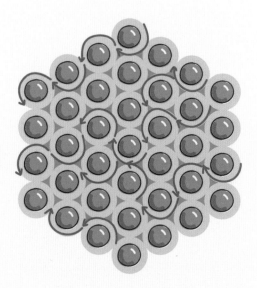

화학 결합의 유형

자연에는 91가지 원소가 있습니다. 순수한 형태의 원소만으로는 모든 물질과 생명체를 이룰 수는 없습니다.
원소는 화학 결합을 통해 서로 결합해 수많은 화합물을 만듭니다. 화학 결합은 세 가지 기본 유형으로 나눌 수 있습니다.
바로 **이온결합**과 **공유결합**, **금속결합**입니다. 결합의 유형은 결합하는 원자의 성질에 따라 달라지며,
물질의 물리적, 화학적 성질을 대부분 결정합니다.

금속결합은 두 금속 원자 사이에서 일어나며, 양이온과
전자 사이의 정전기적 인력으로 이루어집니다.

공유결합은 두 비금속 원자 또는
비금속 원자와 준금속 원자
사이에서 일어납니다. 원자가전자를
공유하는 방식입니다.

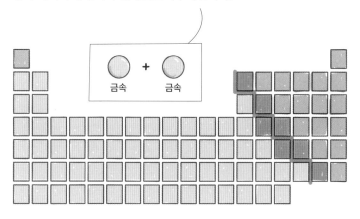

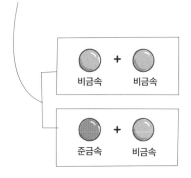

 금속   준금속   비금속

이온결합은 금속 원자와 비금속
원자 사이에서 일어납니다.
금속 원자의 원자가전자가 완전히
비금속 원자로 이동합니다.

전기음성도는 두 원자가 어떤
결합을 하는지에 결정적인 역할을
합니다. 이온결합이 순수하게
이온결합인 경우는 드물고,
공유결합이 100% 공유결합인
경우도 드뭅니다.

화학 결합의 성질과 특징은 결합에
관여하는 원자들의 전기음성도
차이에 따라 달라집니다.

무극성 공유결합:
모든 전자를 공평하게
공유한다.

극성 공유결합:
전자를 공평하지 않게
공유한다.

이온결합:
전자가 이동한다.

이온결합성 증가

전기음성도의 차이 ⟶ 순수한 공유결합   0.4   1.7   순수한
이온결합

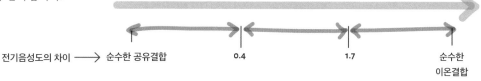

이온결합과 이온화합물

이온결합은 전기음성도가 낮은 금속 원자가 전기음성도가 높은 비금속 원자와 결합할 때 일어납니다.
전기음성도의 차이가 클수록 원자들의 이온결합성이 커집니다. 금속 원자는 원자가전자를 잃고 양이온이 되고,
비금속 원자는 그 원자를 받아들여 음이온이 됩니다. 극성이 반대인 두 이온을 강하게 끌어당기는 것이 이온결합이고, 그 결과로
생기는 화합물은 이온화합물입니다. 중성인 이온화합물이 생기려면 잃는 전자의 수와 얻는 전자의 수가 반드시 같아야 합니다.

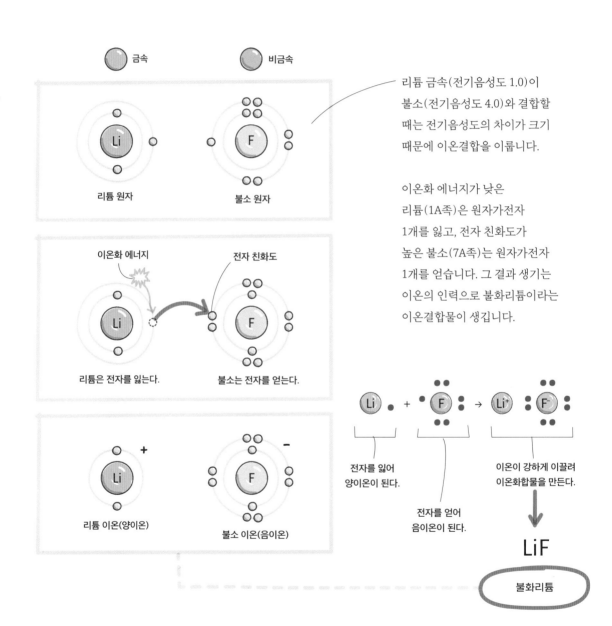

금속

비금속

리튬 원자

불소 원자

리튬은 전자를 잃는다.

불소는 전자를 얻는다.

이온화 에너지

전자 친화도

리튬 이온(양이온)

불소 이온(음이온)

리튬 금속(전기음성도 1.0)이
불소(전기음성도 4.0)와 결합할
때는 전기음성도의 차이가 크기
때문에 이온결합을 이룹니다.

이온화 에너지가 낮은
리튬(1A족)은 원자가전자
1개를 잃고, 전자 친화도가
높은 불소(7A족)는 원자가전자
1개를 얻습니다. 그 결과 생기는
이온의 인력으로 불화리튬이라는
이온결합물이 생깁니다.

전자를 잃어
양이온이 된다.

전자를 얻어
음이온이 된다.

이온이 강하게 이끌려
이온화합물을 만든다.

LiF

불화리튬

이성분 이온화합물

이성분 이온화합물은 전하를 예측할 수 있는 주족원소에 속한 두 단원자 이온이 결합해 생깁니다.

화학식의 위첨자로 쓰인 전하를 서로 바꾸어 씁니다. 항상 금속을 먼저 쓰고 비금속을 씁니다.

금속 양이온의 전하에 따라 중성 이온화합물에 음이온이 몇 개나 있어야 하는지가 정해집니다.

비금속 음이온의 전하에 따라 중성 이온화합물에 양이온이 몇 개나 있어야 하는지가 정해집니다.

$$Ca^{2+} \quad N^{3-}$$

$$Ca_3N_2$$

질화칼슘

소듐 이온

칼슘 이온

산소 이온

질소 이온

1A																	8A
H^+	2A											3A	4A	5A	6A	7A	
Li^+														N^{3-}	O^{2-}	F^-	
Na^+	Mg^{2+}											Al^{3+}		P^{3-}	S^{2-}	Cl^-	
K^+	Ca^{2+}	Sc^{3+}	Ti^{2+} Ti^{4+}	V^{2+} V^{3+}	Cr^{2+} Cr^{3+}	Mn^+ Mn^{4+}	Fe^{2+} Fe^{3+}	Co^{2+} Co^{3+}	Ni^+	Cu^+ Cu^{2+}	Zn^{2+}				Se^{2-}	Br^-	
Rb^+	Ca^{2+}									Ag^+	Cd^{2+}		Sn^{2+}			I^-	
Cs^+	Ba^{2+}									Au^+ Au^{3+}			Pb^{2+}				

바륨 이온

크롬(III) 이온

└ 크롬의 전하

철(III) 이온

$$Fe^{3+} \quad Cl^{1-}$$

염소 이온

$$FeCl_3$$

염화철(III)

전이금속의 경우 이온의 전하가 일정하지 않습니다. 예를 들어, 철은 전하가 +2인 이온도 있고, +3인 이온도 있습니다. 전하는 철(II)과 철(III)처럼 전이금속의 이름 뒤에 로마숫자로 나타냅니다.

이온화합물 명명법

질화칼슘

비금속 이온의 어근

~화

금속 이온 이름

다성분 이온화합물

다성분 이온화합물은 세 가지 이상의 원소가 이루는 화합물입니다. 다원자 이온과 적어도 한 가지 이상의 금속이나 비금속 원자 또는 두 가지 다원자 이온이 결합할 수 있습니다. **다원자 이온**은 2개 이상의 원자가 공유결합해 양전하 또는 음전하를 지니는 이온을 말합니다.

다원자 이온의 원소들은 공유결합을 통해 하나의 분자를 이루며, 이 분자의 전체적인 전하는 양전하 또는 음전하가 됩니다.

예를 들어, 가정에서 사용하는 표백제의 활성 성분은 치아염소산소듐($NaClO$)입니다. 여기서 치아염소산 이온($ClO-$)은 다원자 이온으로, 음전하 표시는 산소가 아니라 전체 분자에 붙은 것입니다.

흔히 볼 수 있는 다원자 이온

Ba^{2+} 　 $(SO_4)^{2-}$

↓

$Ba_2(SO_4)_2$

↓

$BaSO_4$

황산바륨

BrO_3^-
브롬산

ClO_3^-
염소산

NO_3^-
질산

SO_4^{2-}
황산

CO_3^{2-}
탄산

PO_4^{3-}
인산

NO_3^{1-} 　 $1-$

단원자 금속 이온 　 다원자 이온

Ca^{2+} 　 $(NO_3)^{1-}$

↓

$Ca(NO_3)_2$

질산칼슘

다성분 화합물은 이성분 화합물과 같은 방식으로 이름을 붙입니다. 하지만 다원자 이온의 이름은 달라지지 않습니다.

인산암모늄((NH_4)3PO_4)은 암모늄 이온(NH_4+)과 인산 이온(PO_4^{3-}) 두 가지 다원자 이온으로 이루어진 이온화합물입니다. 화합물의 이름은 두 다원자 이온의 이름을 그대로 순서만 바꾸어 붙인 것입니다.

인산암모늄은 식물의 성장에 필요한 질소를 공급하기 위해 비료에 흔히 들어가는 중요한 이온화합물입니다.

전이금속이 포함된 다성분 이온화합물의 경우 황화구리(II)처럼 전이금속의 전하를 로마숫자로 나타냅니다.

황화구리(II)는 수영장에서 녹조류와 무좀이 퍼지는 것을 막기 위해 쓰입니다.

공유결합과 분자화합물

비금속 원소는 보통 주기율표의 나머지 원소보다 전기음성도가 높으며, 원자 크기가 작아
전자 친화도가 높은 편입니다. 그 결과 비금속이 다른 비금속 또는 준금속과 결합하면, 어느 원자도 상대방에게
전자를 주지 않습니다. 안정적인 전자 배치를 이루려면 두 원자가 원자가전자를 공유해야 합니다.
공유전자는 결합하는 두 원자의 핵 모두와 상호작용하며 퍼텐셜에너지를 낮춥니다.
이 상호작용이 **공유결합**이며, 공유결합의 결과로 **공유화합물** 또는 **분자화합물**이 생깁니다.

공유결합의 형성

공유전자쌍은 두 원자가 공유하며
공유결합을 이루는 전자입니다.

비공유전자쌍(흔히 고립전자쌍이라고 부릅니다)은
결합에 참여하지 않는 전자입니다.

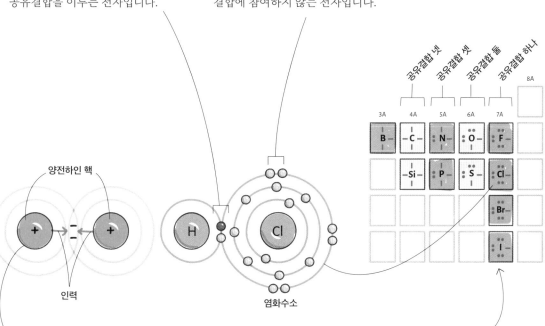

양전하인 핵

인력

염화수소

두 핵이 충분히 가까워지면, 원자가 껍질이 겹치면서
전자를 공유합니다.

옥텟 규칙을 만족하기 위한 공유전자의 수는
주기율표상의 원소 위치에 따라 달라집니다.

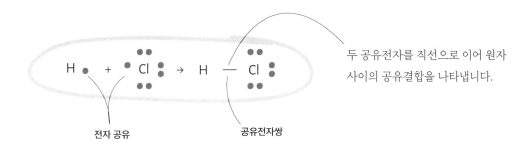

전자 공유

공유전자쌍

두 공유전자를 직선으로 이어 원자
사이의 공유결합을 나타냅니다.

비금속은 전자를 한 쌍, 두 쌍,
세 쌍 공유하며, 각각 **단일결합**,
이중결합, **삼중결합**을 이루어
옥텟 또는 듀엣 규칙을 만족할 수
있습니다.

수소 분자(H_2)

단일결합

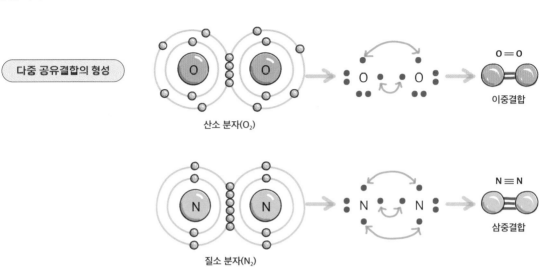

다중 공유결합의 형성

산소 분자(O_2)

이중결합

질소 분자(N_2)

삼중결합

극성과 무극성 공유결합

만약 결합한 원자 사이의 전기음성도 차이가 0.4보다 작다면, **무극성 공유결합**이 이루어집니다.
두 원자가 공평하게 전자를 공유한다는 뜻입니다.

만약 결합한 원자 사이의 전기음성도 차이가 0.4와 1.7 사이라면, **극성 공유결합**이 이루어집니다.
두 원자가 공평하지 않게 전자를 공유한다는 뜻입니다.

전기음성도가 더 높은 원자가 공유전자를 더 강하게 끌어당겨 음전하 밀도가 더 높은 영역이 생겨납니다.

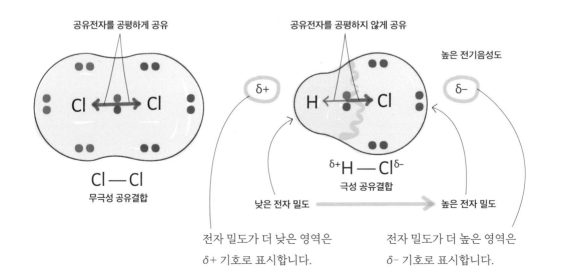

공유전자를 공평하게 공유

공유전자를 공평하지 않게 공유

높은 전기음성도

Cl — Cl
무극성 공유결합

$\delta+$ H — Cl $\delta-$
극성 공유결합

낮은 전자 밀도 ⟶ 높은 전자 밀도

전자 밀도가 더 낮은 영역은
$\delta+$ 기호로 표시합니다.

전자 밀도가 더 높은 영역은
$\delta-$ 기호로 표시합니다.

분자화합물

분자화합물 또는 **공유화합물**은 원자가 공유결합을 통해 결합한 것입니다.

일정 성분비의 법칙과 배수비례의 법칙(28쪽을 보세요)은 분자화합물의 경우에도 유효합니다.

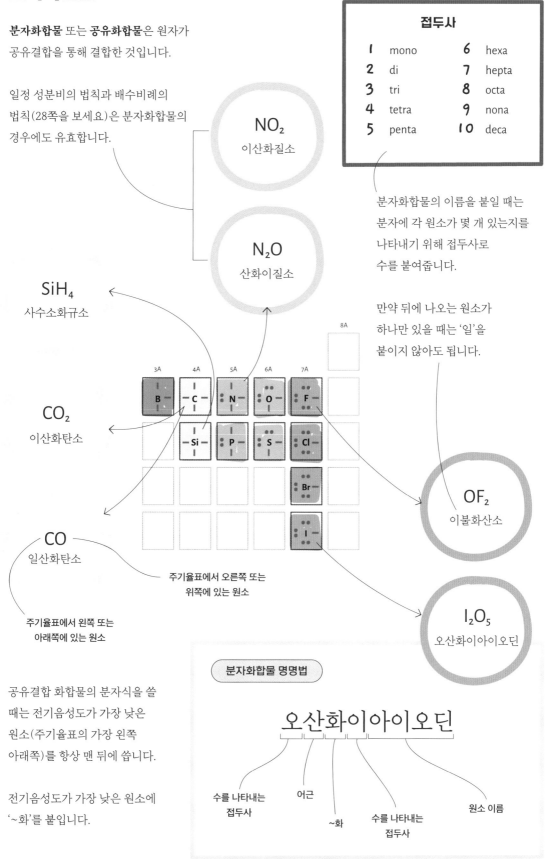

접두사

1	mono	6	hexa
2	di	7	hepta
3	tri	8	octa
4	tetra	9	nona
5	penta	10	deca

NO_2
이산화질소

N_2O
산화이질소

분자화합물의 이름을 붙일 때는 분자에 각 원소가 몇 개 있는지를 나타내기 위해 접두사로 수를 붙여줍니다.

만약 뒤에 나오는 원소가 하나만 있을 때는 '일'을 붙이지 않아도 됩니다.

SiH_4
사수소화규소

CO_2
이산화탄소

CO
일산화탄소

주기율표에서 왼쪽 또는 아래쪽에 있는 원소

주기율표에서 오른쪽 또는 위쪽에 있는 원소

OF_2
이불화산소

I_2O_5
오산화이아이오딘

분자화합물 명명법

오산화이아이오딘

수를 나타내는 접두사

어근

~화

수를 나타내는 접두사

원소 이름

공유결합 화합물의 분자식을 쓸 때는 전기음성도가 가장 낮은 원소(주기율표의 가장 왼쪽 아래쪽)를 항상 맨 뒤에 씁니다.

전기음성도가 가장 낮은 원소에 '~화'를 붙입니다.

금속결합

금속은 모든 원소의 약 3분의 2, 지구 질량의 약 24%를 차지합니다. 순수한 형태이든 다른 금속과 섞인 상태(합금)이든
금속은 보통 녹는점이 높습니다. 원자가 서로 단단히 결합해 있다는 뜻이지요.
금속 원자 사이의 결합을 금속결합이라 하며, 이는 이온결합이나 공유결합과는 상당히 다릅니다.
금속결합의 성질을 설명하는 데는 전자 바다 모형이 쓰입니다.

금속 원자는 서로 결합하며 3차원 공간에서 일정한 패턴을 만듭니다. 그 결과로 생긴 원자의 배열을 **결정격자**라고 부릅니다.

결정격자 안에서 각 금속 원자는 다른 금속 원자에 둘러싸여 있습니다.

금속 원자는 자신의 원자가전자를 **전자 바다**에 내놓으며 양의 전하를 띠는 양이온이 됩니다. 이런 양이온들이 음의 전하를 띤 전자의 바다에서 헤엄치는 모습을 상상해 보세요.

모든 전자는 느슨하게 묶인 채로 결정격자 사이를 끊임없이 움직여 양이온들을 강력하게 묶어둡니다.

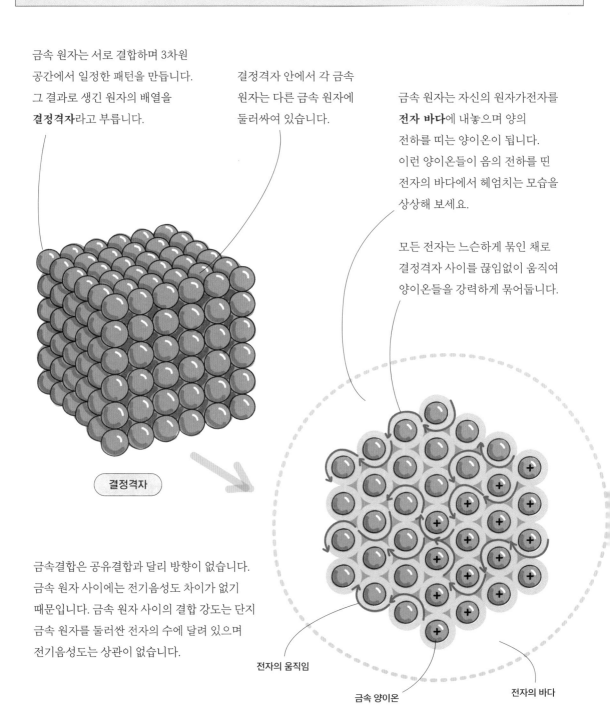

결정격자

금속결합은 공유결합과 달리 방향이 없습니다. 금속 원자 사이에는 전기음성도 차이가 없기 때문입니다. 금속 원자 사이의 결합 강도는 단지 금속 원자를 둘러싼 전자의 수에 달려 있으며 전기음성도는 상관이 없습니다.

전자의 움직임

금속 양이온

전자의 바다

금속의 광채

금속은 빛을 잘 흡수하고 반사하므로 반짝반짝 빛납니다. 금속의 반짝이는 표면은 공유 전자의 운동성이 높기 때문입니다.

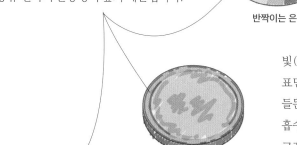

반짝이는 은

빛(에너지를 지닌 광자의 전자기 복사)이 금속 표면에 부딪히면 원자가전자가 에너지를 흡수해 들뜬 상태가 됩니다. 전자는 다시 바닥상태가 되면서 흡수했던 에너지를 가시광선으로 방출합니다. 그래서 금속이 빛나 보입니다.

색이 변한 은

반짝이는 금

금속이 반사하는 빛에는 가시광선 스펙트럼의 모든 파장이 섞여 있습니다. 하지만 그 비율이 모두 같지는 않습니다. 많은 금속은 회백색이지만, 금처럼 색이 다른 금속이 있는 이유입니다.

금속 양이온이 빽빽하게 밀집해 있어 빛이 통과하지 못합니다. 따라서 빛은 대부분 반사됩니다.

입사광

반사광

자유로운 금속 전자

왜 금속은 빛날까?

시간이 흐르면, 금속의 표면은 더러워지고 녹이 습니다. 공기 중에서 산화된다고도 합니다. 그러면 금속은 반짝임을 잃습니다. 표면이 더 이상 순수한 금속이 아니라 전자가 전처럼 자유롭지 않은 화합물이 되기 때문이지요. 예를 들어, 은은 공기 중의 산소와 반응해 색이 달라집니다. 다시 반짝이게 하려면 갈아서 윤을 내야 합니다.

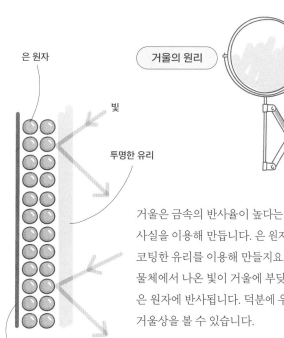

은 원자

거울의 원리

빛

투명한 유리

검은 뒤판

거울은 금속의 반사율이 높다는 사실을 이용해 만듭니다. 은 원자로 코팅한 유리를 이용해 만들지요. 물체에서 나온 빛이 거울에 부딪히면, 은 원자에 반사됩니다. 덕분에 우리가 거울상을 볼 수 있습니다.

이온화합물과 분자화합물의 성질

공유결합한 분자화합물과 이온화합물은 물리적 성질이 상당히 다릅니다. 이온화합물에서 이온 사이의 상호작용은 상당히 강력하고 화합물이 이루는 결정격자 전체에 걸쳐 일정합니다. 이와 달리 분자화합물은 훨씬 더 폭넓은 성질을 보입니다. 이것은 공유결합의 세기와 극성이 결합한 원자의 전기음성도 차이에 따라 변화무쌍하기 때문입니다. 그 결과 분자화합물은 상온에서 기체, 액체, 고체 상태일 수 있으며, 이온화합물은 대부분 결정의 모양이 명확한 고체입니다.

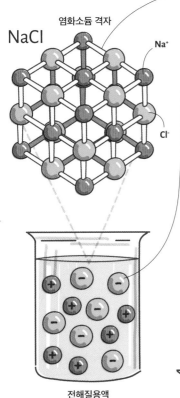

NaCl

염화소듐 격자

Na⁺

Cl⁻

전해질용액

양이온과 음이온 사이의 강력한 정전기적 인력 때문에 이온화합물은 보통 단단하고 부서지기 쉬운 결정 구조를 이루는 고체입니다. 아주 높은 온도에서 녹습니다.

소금(NaCl) 같은 이온화합물은 물에 녹습니다. 그래서 강력한 **전해질**이 됩니다. 즉, 물에 녹아 이온이 된다는 뜻입니다. 그 결과인 수용액을 **전해질용액**이라고 부르며, 전해질용액은 전기가 통합니다.

분자화합물은 공유결합의 세기와 성질이 제각기 달라서 상온에서 기체, 액체, 고체 상태가 될 수 있습니다. 고체 상태일 때는 보통 부서지기 쉽거나 부드럽고 무릅니다. 녹는점과 끓는점이 훨씬 더 낮습니다.

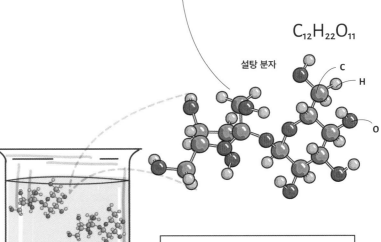

$C_{12}H_{22}O_{11}$

설탕 분자

C

H

O

비전해질용액

분자화합물은 대부분 물에 녹지 않습니다. 설탕($C_{12}H_{22}O_{11}$)처럼 물에 녹는 화합물은 이온으로 분리되지 않습니다. 이런 화합물을 **비전해질**이라고 하며 그 용액은 전기가 통하지 않습니다.

전해질과 건강

사람의 몸은 대부분 물로 이루어져 있습니다. 물은 필수 미네랄에 들어 있는
이온화합물을 녹일 수 있습니다. 피는 중요한 생물학적 기능에 필요한 전해질을
몸 전체로 보냅니다. 전해질은 사람이 먹는 음식을 통해 몸속으로 들어가지요.

몸무게의 96.2%는 산소와 탄소, 수소, 질소만으로 이루어져 있습니다.
나머지 3.8%를 차지하는 원소의 대부분은 전해질에
포함되어 있습니다.

사람은 다양한 음식을
먹는 균형 잡힌 식단으로
전해질을 섭취합니다.

전해질이 부족하면 심장과 근육에 문제가
생기고 불안과 피로, 현기증, 불면증,
두통, 체액 불균형 같은 증상을 겪습니다.

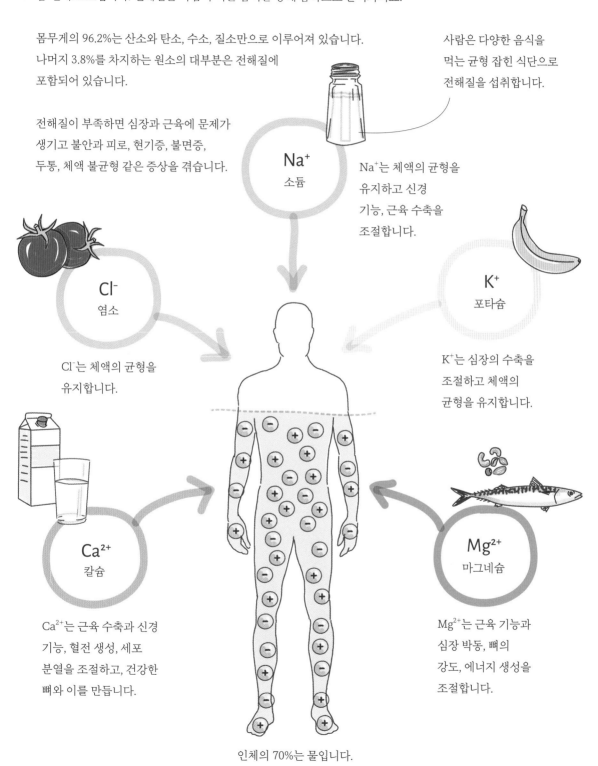

Na^+
소듐

Na^+는 체액의 균형을
유지하고 신경
기능, 근육 수축을
조절합니다.

Cl^-
염소

K^+
포타슘

Cl^-는 체액의 균형을
유지합니다.

K^+는 심장의 수축을
조절하고 체액의
균형을 유지합니다.

Ca^{2+}
칼슘

Mg^{2+}
마그네슘

Ca^{2+}는 근육 수축과 신경
기능, 혈전 생성, 세포
분열을 조절하고, 건강한
뼈와 이를 만듭니다.

Mg^{2+}는 근육 기능과
심장 박동, 뼈의
강도, 에너지 생성을
조절합니다.

인체의 70%는 물입니다.

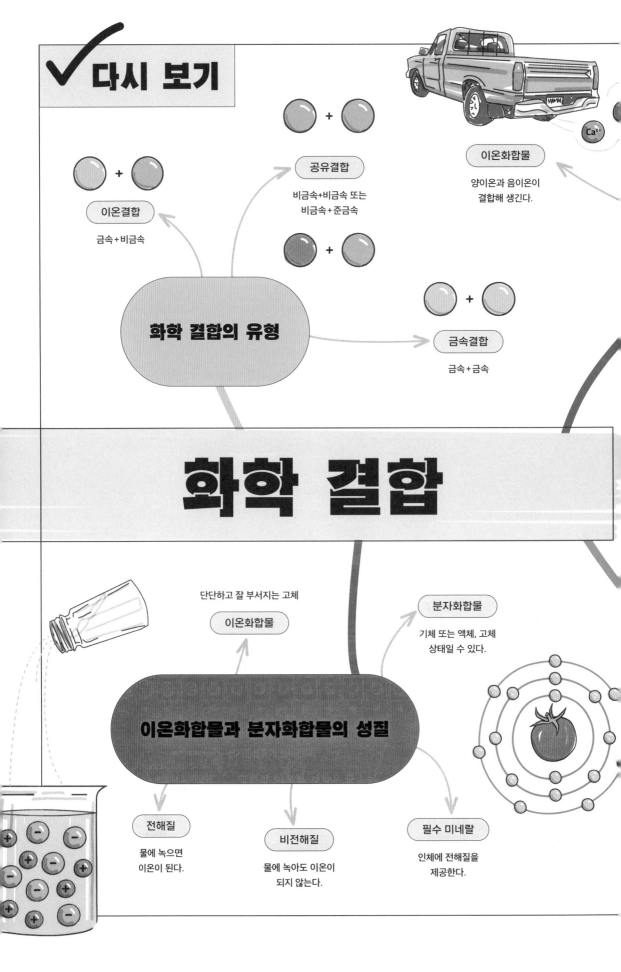

공유결합
비금속+비금속 또는
비금속+준금속

이온화합물
양이온과 음이온이
결합해 생긴다.

이온결합
금속+비금속

화학 결합의 유형

금속결합
금속+금속

화학 결합

단단하고 잘 부서지는 고체
이온화합물

분자화합물
기체 또는 액체, 고체
상태일 수 있다.

이온화합물과 분자화합물의 성질

전해질
물에 녹으면
이온이 된다.

비전해질
물에 녹아도 이온이
되지 않는다.

필수 미네랄
인체에 전해질을
제공한다.

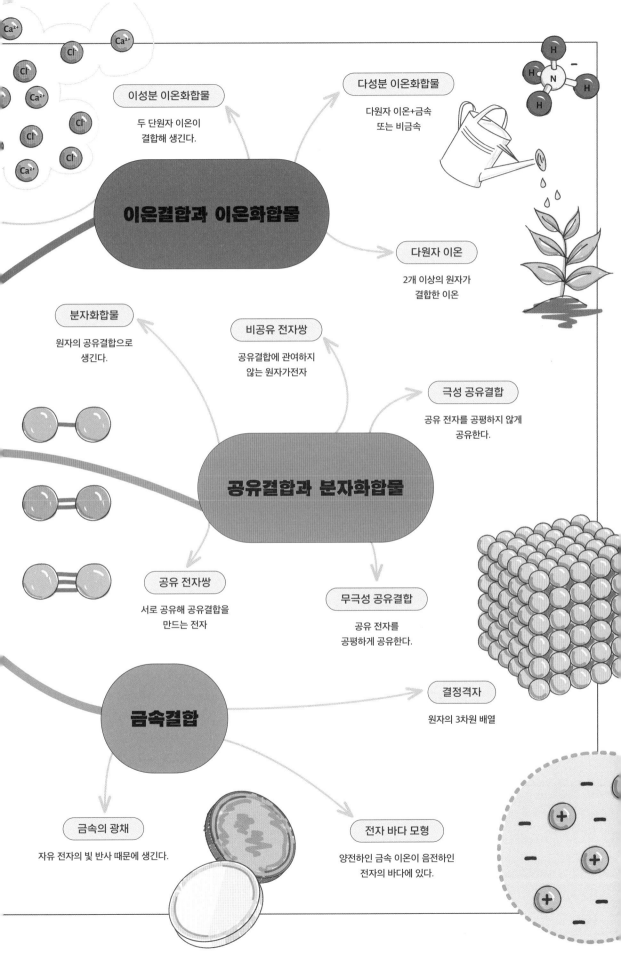

이성분 이온화합물

두 단원자 이온이
결합해 생긴다.

다성분 이온화합물

다원자 이온+금속
또는 비금속

이온결합과 이온화합물

다원자 이온

2개 이상의 원자가
결합한 이온

분자화합물

원자의 공유결합으로
생긴다.

비공유 전자쌍

공유결합에 관여하지
않는 원자가전자

극성 공유결합

공유 전자를 공평하지 않게
공유한다.

공유결합과 분자화합물

공유 전자쌍

서로 공유해 공유결합을
만드는 전자

무극성 공유결합

공유 전자를
공평하게 공유한다.

결정격자

원자의 3차원 배열

금속결합

금속의 광채

자유 전자의 빛 반사 때문에 생긴다.

전자 바다 모형

양전하인 금속 이온이 음전하인
전자의 바다에 있다.

7장

분자의 구조

물질의 상태는 크게 고체, 액체, 기체로 나눌 수 있습니다.
상온에서 어떤 상태에 주로 있게 되는지는 물질 속 입자의
구조와 이런 입자들이 상호작용하는 방식에 따라 달라집니다.
분자 사이에서 작용하는 상호작용의 성질과 **분자간 힘**은 우리가
관찰할 수 있는 물질의 성질에 핵심적인 역할을 합니다. 어떤
분자화합물에서든 분자간 힘은 주로 기하학적인 형태와 분자의
극성에 따라 달라집니다. 예를 들어, 물은 물 분자의 극성과
휘어진 기하학적 형태가 아니라면 존재할 수 없습니다.

루이스 전자점식과 분자화합물

루이스 전자점식은 분자의 구조를 2차원으로 나타낸 것입니다. 원자가전자의 분포를 시각적으로 더욱 쉽게 보여주며,
원자가전자가 비공유 전자쌍으로 존재하는지 공유결합의 일부를 이루는지를 알려주지요.
루이스 전자점식은 분자의 극성뿐 아니라 분자간 힘의 유형과 세기를 예측하는 데 쓰일 수 있습니다.
얼음은 액체 상태의 물보다 밀도가 낮기 때문에 물에 뜬다는 것을 물 분자의 루이스 전자점으로 추론할 수 있습니다.

루이스 전자점식은 전기음성도가 가장 낮은 원소를 중심에 놓고 분자를 배치한 골격 구조를 바탕으로 씁니다.
중심 원자와 말단 원자는 공유결합으로 연결됩니다.

중심 원자가 2개 이상일 수도 있으며, 그럴 경우 말단 원자는 중심 원자 주위에 고르게 분포하는 골격 구조를
이룹니다.

루이스 전자점식은 분자의 2차원 구조와 원자가전자 배치를 보여줍니다.

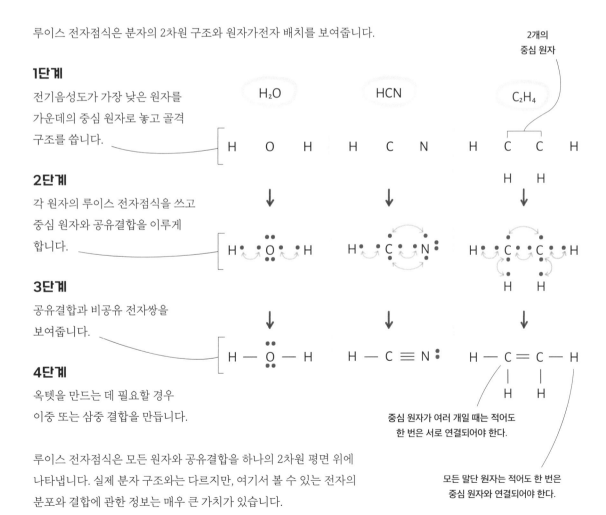

1단계
전기음성도가 가장 낮은 원자를
가운데의 중심 원자로 놓고 골격
구조를 씁니다.

2단계
각 원자의 루이스 전자점식을 쓰고
중심 원자와 공유결합을 이루게
합니다.

3단계
공유결합과 비공유 전자쌍을
보여줍니다.

4단계
옥텟을 만드는 데 필요할 경우
이중 또는 삼중 결합을 만듭니다.

2개의
중심 원자

중심 원자가 여러 개일 때는 적어도
한 번은 서로 연결되어야 한다.

모든 말단 원자는 적어도 한 번은
중심 원자와 연결되어야 한다.

루이스 전자점식은 모든 원자와 공유결합을 하나의 2차원 평면 위에
나타냅니다. 실제 분자 구조와는 다르지만, 여기서 볼 수 있는 전자의
분포와 결합에 관한 정보는 매우 큰 가치가 있습니다.

VSEPR 이론: 분자 기하학

음전하를 띠는 전자 사이의 정전기적 반발력은 분자 안에서 공유결합이 어떻게 이루어지는지를 결정하는 근간이 됩니다. **원자가 껍질 전자쌍 반발(VSEPR)** 이론은 **전자 그룹**(비공유 전자쌍, 단일결합, 이중결합, 삼중결합으로 정의할 수 있습니다)이 서로 밀어낸다는 개념에 바탕을 두고 있습니다. 이 이론의 초점은 분자의 각 중심 원자를 둘러싼 전자 그룹 사이의 반발력과 전자 그룹이 배열로 나타나는 특정한 3차원 기하학에 놓여 있습니다.

전자 그룹 기하학

중심 원자 주위의 전자 그룹 수는 정전기적 반발력으로 생기는 전자 그룹 사이의 최대 거리를 결정합니다.

전자 그룹이 서로 밀어내게 하는 반발력에는 세 가지 유형이 있습니다. **공유 전자쌍-공유 전자쌍**과 **비공유 전자쌍-공유 전자쌍**, **비공유 전자쌍-비공유 전자쌍**입니다.

중심 원자 주위에는 뚜렷한 기하학적 형태가 나타나며, 주위의 전자 그룹이 서로 이루는 각도를 보여줍니다.

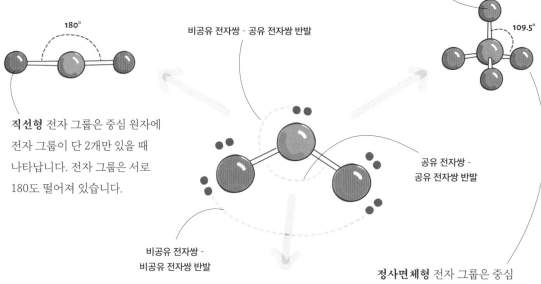

비공유 전자쌍 - 공유 전자쌍 반발

직선형 전자 그룹은 중심 원자에 전자 그룹이 단 2개만 있을 때 나타납니다. 전자 그룹은 서로 180도 떨어져 있습니다.

공유 전자쌍 - 공유 전자쌍 반발

비공유 전자쌍 - 비공유 전자쌍 반발

정사면체형 전자 그룹은 중심 원자에 전자 그룹이 4개 있을 때 나타납니다. 전자 그룹은 서로 109.5도씩 떨어져 있습니다.

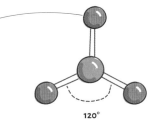

평면삼각형 전자 그룹은 중심 원자에 전자 그룹이 3개 있을 때 나타납니다. 전자 그룹은 서로 120도씩 떨어져 있습니다.

분자의 형태

직선형과 평면삼각형, 정사면체형은 중심 원자 주위의 전자 그룹이 모두 공유 전자쌍일 때 나타나는 분자의
형태입니다. 만약 중심 원자에 비공유 전자쌍이 있다면, **결합 각도 왜곡**이 생겨 분자의 형태가 바뀝니다. 좀 더
자유롭게 움직일 수 있는 비공유 전자쌍은 공유 전자쌍을 밀어 이상적인 결합 각도가 줄어들게 만듭니다. 직선형
분자에서는 결합 각도에 왜곡이 생기지 않습니다.

중심 원자에 비공유 전자쌍이
없기 때문에 결합 각도에
왜곡이 없는 전자 그룹의
기하는 정사면체형입니다.

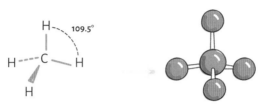

분자의 형태 역시
이상적인 결합 각도를
이룬 정사면체형이
됩니다. 모든 전자 그룹이
다른 원자와 결합하고
있기 때문입니다.

전자 그룹의 기하는
정사면체형이지만,
중심 원자에 비공유
전자쌍이 하나 있어 결합
각도가 줄어듭니다.

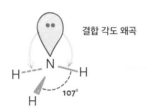

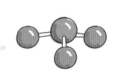

3개의 전자 그룹만이
결합해 분자의 형태가
삼각뿔형이 됩니다.

전자 그룹의 기하는
정사면체형이지만, 중심
원자에 비공유 전자쌍이
둘 있어 결합 각도가 더
줄어듭니다.

2개의 전자 그룹만이
결합해 분자의 형태가
굽은형이 됩니다.

전자 그룹의 기하는
평면삼각형이지만,
중심 원자에 비공유
전자쌍이 있어
결합 각도가 줄어듭니다.

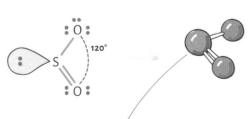

2개의 전자 그룹만이
결합해 분자의 형태가
굽은형이 됩니다.

중심 원자 주위에 있는 비공유 전자쌍이 많아짐에
따라 결합 각도의 왜곡도 커집니다.

분자의 실제 형태는 공유 전자쌍(공유결합)의
기하에 의해서만 정해집니다.

분자의 형태와 극성

분자화합물은 원자가전자의 분포에 따라 **극성**이거나 **무극성**일 수 있습니다.
분자의 기하는 원자가전자가 분자 안의 모든 원자 주위에 어떻게 퍼져 있는지를 보여줍니다.
만약 전자가 고르지 않게 분포되어 있다면 전자의 밀도가 높거나 낮은 영역이 생기고, 분자는 극성이 됩니다.
극성 분자는 **쌍극자**라고도 부릅니다. 반대로 원자가전자가 고르게 분포되어 있다면, 무극성 분자가 됩니다.

중심 원자에 비공유 전자쌍이 있는 분자는 보통 극성이 됩니다. 비공유 전자쌍이 결합 각도 왜곡을 일으켜 전자의 분포를 고르지 않게 만들기 때문입니다.

중심 원자에 비공유 전자쌍이 없는 분자는 만약 모든 말단 원자가 똑같을 경우 보통 무극성이 됩니다. 반면 말단 원자가 모두 똑같지 않고 전기음성도가 서로 다르다면, 극성 분자가 생겨납니다.

전기음성도가 높은 산소는 전자를 끌어당깁니다.

분자 쌍극자의 존재 때문에 극성 물 분자의 흐름은 대전된 막대기 근처에서 휘어집니다.

높은 전자 밀도

δ^- δ^-

O

H H
δ^+ δ^+

물(H_2O)

낮은 전자 밀도

대전 막대

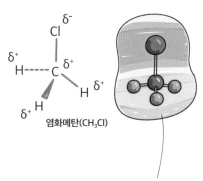

δ^-
Cl

δ^+ H----C----H δ^+

H
δ^+
염화메탄(CH_3Cl)

δ^-
Cl

δ^- Cl----C----Cl δ^-

Cl
δ^-
사염화탄소(CCl_4)

대전 막대

전기음성도가 높은 염소는 분자 주위의 전자 분포를 고르지 못하게 해 쌍극자를 만듭니다.

중심 원자 주위의 말단 원자가 똑같으면 전자가 고르게 분포합니다.

쌍극자가 없는 무극성 분자는 외부의 전하에 반응하지 않습니다.

비슷한 것끼리 녹인다

극성 분자와 무극성 분자는 서로 성질이 다릅니다. 물은 극성이 큰 물질로 다른 극성 물질을 끌어당기거나 섞일 수 있습니다. 이것이 **비슷한 것끼리 녹인다**는 원리입니다. 물만으로는 코로나 바이러스를 죽일 수 없습니다. 바이러스의 표면이 무극성 지방 분자로 이루어져 있기 때문입니다.

계면활성제라고 하는 비누 분자는 극성 머리와 무극성 꼬리로 이루어져 있습니다. 물속에서 비누 분자는 한데 모여 **마이셀**이라고 하는 커다란 분자를 형성합니다. 씻는 과정에서 이 분자는 작게 쪼개지며 극성 물 분자와 무극성 지방 분자를 결합시킬 수 있는 계면활성제 분자를 내놓습니다.

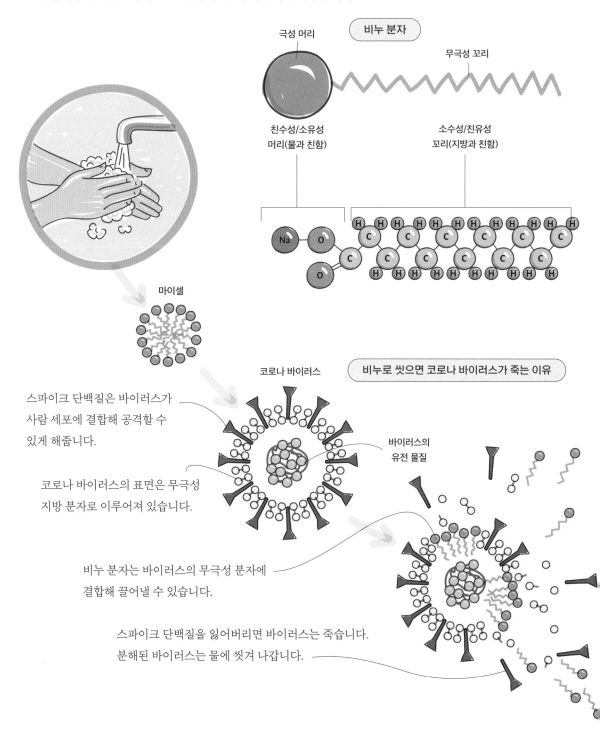

극성 머리

비누 분자

무극성 꼬리

친수성/소유성
머리(물과 친함)

소수성/친유성
꼬리(지방과 친함)

마이셀

코로나 바이러스

비누로 씻으면 코로나 바이러스가 죽는 이유

스파이크 단백질은 바이러스가
사람 세포에 결합해 공격할 수
있게 해줍니다.

바이러스의
유전 물질

코로나 바이러스의 표면은 무극성
지방 분자로 이루어져 있습니다.

비누 분자는 바이러스의 무극성 분자에
결합해 끌어낼 수 있습니다.

스파이크 단백질을 잃어버리면 바이러스는 죽습니다.
분해된 바이러스는 물에 씻겨 나갑니다.

분자간 힘

이온결합, 공유결합, 금속결합 같은 분자 내 힘은 원자가전자와 관련이 있습니다. 분자 내 힘에 의해 묶인 화합물 분자가 서로 충분히 가까워지면, **반데르발스 힘**이라는 인력이 작용하기 시작합니다. 이 힘은 **분자간 힘**으로, 원자가전자의 공유와는 관련이 없습니다. 분자간 힘은 분자 내 힘보다 훨씬 약하지만, 물질의 물리적 성질에 중요한 역할을 합니다.

분자간 힘의 세기

물의 분자 내 힘(공유결합)은 물 분자를 굽은형으로 만듭니다. 하지만 극성이 있는 물 분자에서 전하가 서로 반대인 부분끼리 끌어당기는 힘 때문에 분자간 힘 역시 존재합니다.

분자의 극성은 분자간 힘의 종류와 세기를 결정합니다. 고체의 경우 분자간 힘이 강해서 분자와 원자가 서로 가까이 붙어 있습니다.

기체 분자는 서로 멀리 떨어져 있습니다. 분자간 힘이 약하다는 사실을 뜻합니다.

액체 분자는 분자간 힘의 세기가 중간 정도이기 때문에 분자끼리 가깝지만 어느 정도는 움직일 수 있습니다.

열을 가하면 분자간 힘이 약해집니다. 따라서 고체에서 액체로(용융), 액체에서 기체로(증발) 상이 변합니다.

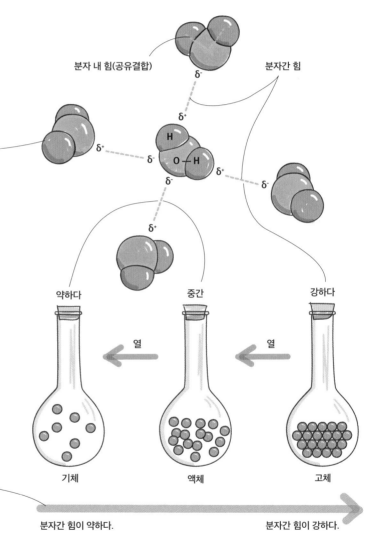

분자 내 힘(공유결합)

분자간 힘

약하다

중간

강하다

열

열

기체

액체

고체

분자간 힘이 약하다.

분자간 힘이 강하다.

분자간 힘의 종류

런던 분산력은 아주 약합니다. 모든 종류의 분자에 존재하지만,
무극성 물질의 분자 사이에서 작용하는 유일한 힘입니다.

무극성 분자의 원자가전자 분포는 매우
고르기 때문에 쌍극자가 없습니다.

런던 분산력

서로 가까운 무극성
분자 2개

전자구름

H — H   H — H

극성을 갖게 된 분자가 일시적으로
쌍극자를 형성한다.

무극성 분자가 다른 분자와
가까워지면 일시적으로
수명이 짧은 쌍극자가 생길 수
있습니다. 이 **유도쌍극자**는 다른
유도쌍극자와 상호작용하며
일시적으로 약하게 작용하는 런던
분산력을 만들어냅니다.

δ^- δ^+

H — H   H — H

극성을 갖게 된 분자가 이웃 분자의 전자구름에
영향을 끼쳐 유도쌍극자가 생긴다.

이런 힘은 매우 쉽게 깨집니다.
사실 많은 무극성 물질은 상온에서
기체입니다. 런던 분산력이 강하지 않아
액체나 고체 상태가 될 정도로 분자를
가깝게 잡아두지 못하기 때문입니다.

유도쌍극자

δ^- δ^+ δ^- δ^+

H — H   H — H

일시적으로 유도쌍극자가
서로 끌어당긴다.

런던 분산력

쌍극자-쌍극자 힘

쌍극자-쌍극자 힘은 영구
쌍극자가 있는 극성 물질의
분자 사이에 존재합니다.
원자가전자의 분포가 고르지
않기 때문에 생기지요.

분자의 양전하 부분과 음전하
부분 사이에서는 인력과
반발력이 생깁니다. 하지만
보통 인력이 지배적이지요.
쌍극자-쌍극자 힘은 런던
분산력보다 훨씬 더 강합니다.

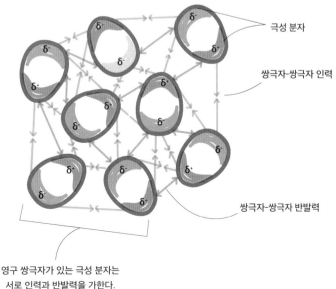

극성 분자

쌍극자-쌍극자 인력

쌍극자-쌍극자 반발력

영구 쌍극자가 있는 극성 분자는
서로 인력과 반발력을 가한다.

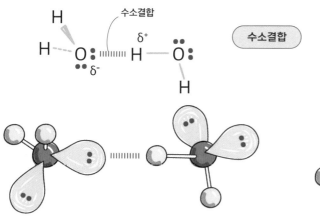

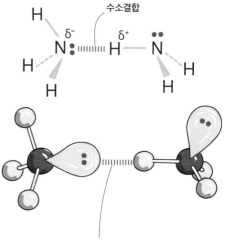

수소결합

수소결합은 쌍극자-쌍극자 힘입니다. 하지만 보통이 아닌 힘 때문에 따로 배웁니다. 수소결합은 불소, 산소, 또는 질소 원자와 직접 연결된 수소 원자가 있는 극성 분자 사이에서 생깁니다. 만약 분자에 수소-불소, 수소-산소, 또는 수소-질소 공유결합이 없다면 수소결합이 이루어지지 않습니다.

수소결합은 극성 분자의 쌍극자 사이에서 이루어집니다. 다른 쌍극자-쌍극자 힘보다 강해서 수소결합을 이루는 많은 물질은 물처럼 상온에서 액체 상태입니다.

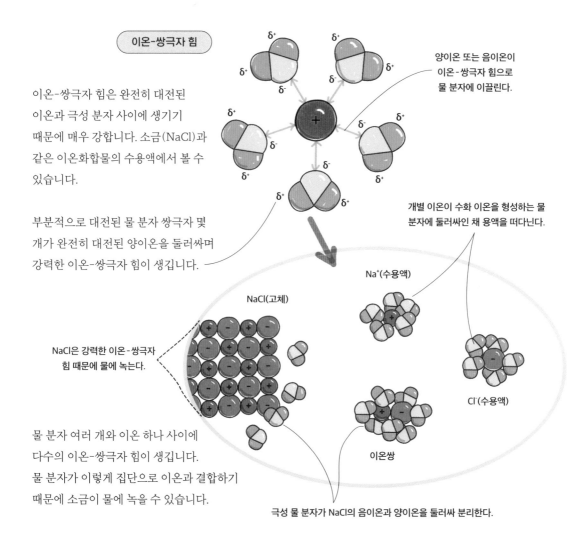

이온-쌍극자 힘

이온-쌍극자 힘은 완전히 대전된 이온과 극성 분자 사이에 생기기 때문에 매우 강합니다. 소금($NaCl$)과 같은 이온화합물의 수용액에서 볼 수 있습니다.

부분적으로 대전된 물 분자 쌍극자 몇 개가 완전히 대전된 양이온을 둘러싸며 강력한 이온-쌍극자 힘이 생깁니다.

양이온 또는 음이온이 이온-쌍극자 힘으로 물 분자에 이끌린다.

개별 이온이 수화 이온을 형성하는 물 분자에 둘러싸인 채 용액을 떠다닌다.

Na^+(수용액)

NaCl(고체)

NaCl은 강력한 이온-쌍극자 힘 때문에 물에 녹는다.

Cl^-(수용액)

물 분자 여러 개와 이온 하나 사이에 다수의 이온-쌍극자 힘이 생깁니다. 물 분자가 이렇게 집단으로 이온과 결합하기 때문에 소금이 물에 녹을 수 있습니다.

이온쌍

극성 물 분자가 NaCl의 음이온과 양이온을 둘러싸 분리한다.

수소결합의 작용

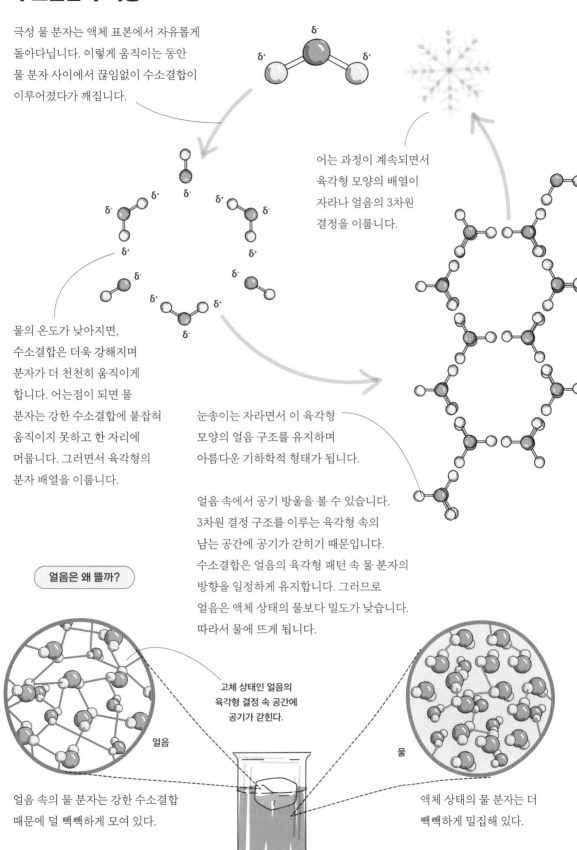

극성 물 분자는 액체 표본에서 자유롭게 돌아다닙니다. 이렇게 움직이는 동안 물 분자 사이에서 끊임없이 수소결합이 이루어졌다가 깨집니다.

어는 과정이 계속되면서 육각형 모양의 배열이 자라나 얼음의 3차원 결정을 이룹니다.

물의 온도가 낮아지면, 수소결합은 더욱 강해지며 분자가 더 천천히 움직이게 합니다. 어는점이 되면 물 분자는 강한 수소결합에 붙잡혀 움직이지 못하고 한 자리에 머뭅니다. 그러면서 육각형의 분자 배열을 이룹니다.

눈송이는 자라면서 이 육각형 모양의 얼음 구조를 유지하며 아름다운 기하학적 형태가 됩니다.

얼음 속에서 공기 방울을 볼 수 있습니다. 3차원 결정 구조를 이루는 육각형 속의 남는 공간에 공기가 갇히기 때문입니다. 수소결합은 얼음의 육각형 패턴 속 물 분자의 방향을 일정하게 유지합니다. 그러므로 얼음은 액체 상태의 물보다 밀도가 낮습니다. 따라서 물에 뜨게 됩니다.

얼음은 왜 뜰까?

고체 상태인 얼음의 육각형 결정 속 공간에 공기가 갇힌다.

얼음

물

얼음 속의 물 분자는 강한 수소결합 때문에 덜 빽빽하게 모여 있다.

액체 상태의 물 분자는 더 빽빽하게 밀집해 있다.

결합력과 결정성 고체

결정성 고체는 내부 입자의 종류와 그런 입자를 서로 묶어놓는 힘의 종류로 설명할 수 있습니다.
입자간 힘(분자간, 이온간, 원자간 힘)은 세기와 결합 구조가 제각기 다릅니다.
결정성 고체는 입자를 서로 묶어놓는 힘의 종류와 세기에 따른 물리적 성질을 보입니다.

개별 원자의 종류에 따라 결정성 고체를
크게 세 종류로 나눌 수 있습니다.
분자성 고체와 **이온성 고체**, **원자성
고체**입니다. 원자성 고체는 다시 원자
사이에 존재하는 힘의 종류에 따라 다시
비결합성 고체, **금속성 고체**, **공유성
그물망 고체**로 나뉩니다.

수소결합

수소결합

얼음:
분자성 고체

분자는 분자간 힘을 받아 한데 모여
분자성 고체를 만듭니다.
보통 부드럽고 낮은 온도에서 녹습니다.

강력한 공유결합으로 원자가
결합한 원자성 고체는
대단히 견고하고, 내구성이
뛰어나며, 고온에서 녹습니다.
다이아몬드처럼 가장 단단한
천연물질도 여기에 속합니다.
다이아몬드를 이루는
탄소 원자의 3차원 배열은
매우 강하고 방향성 있는
공유결합으로 이루어집니다.

공유성 그물망 결합

다이아몬드:
공유성 그물망 고체

탄소 원자

단위격자

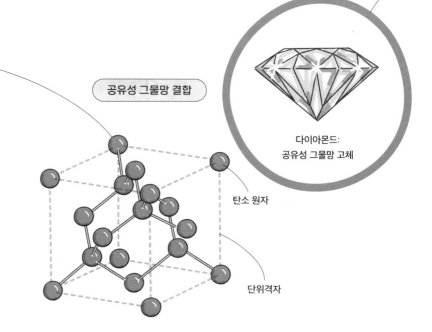

Na$^+$

Cl$^-$

단위격자

이온-이온 힘

소금:
이온성 고체

이온성 고체는 양이온과 음이온이
강력한 이온결합으로 결합한 것입니다.
단단하고 부서지기 쉬우며, 높은
온도에서 녹습니다.

원자성 고체는 구성단위가 원자인 3차원
결정 구조를 가집니다. 원자 사이의 런던
분산력이 약하기 때문에 비결합성 고체를
고체 형태로 유지하려면 아주 낮은
온도가 필요합니다.

결정성 고체의
종류

런던 분산력

제논:
비결합성 원자성 고체

제논 원자

단위격자

은:
원자성 고체

금속결합

은 원자

단위격자

어떤 고체든 결정격자는 입자의 3차원
배열을 뜻합니다. 결정성 고체에서
반복되는 가장 작은 입자의 배열을
단위격자라고 하며, 고체의 종류에 따라
원자, 분자, 또는 이온으로 이루어집니다.
이런 단위격자는 3차원으로 자라나
고체의 결정격자를 이룹니다.

전자 그룹

중심 원자의 공유 전자쌍과
비공유 전자쌍

분자에서 전기음성도가
가장 낮은 원자

H ⋮ O ⋮ H

중심원자

직선형

2개의 공유결합

루이스 전자점식과 분자화합물

평면삼각형

3개의 공유결합

분자의 구조

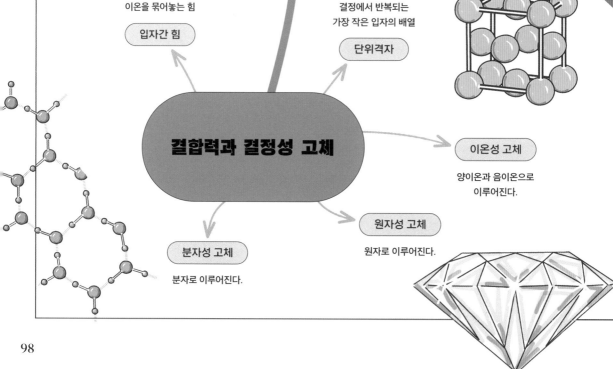

고체에서 원자와 분자,
이온을 묶어놓는 힘

입자간 힘

결정에서 반복되는
가장 작은 입자의 배열

단위격자

결합력과 결정성 고체

이온성 고체

양이온과 음이온으로
이루어진다.

원자성 고체

원자로 이루어진다.

분자성 고체

분자로 이루어진다.

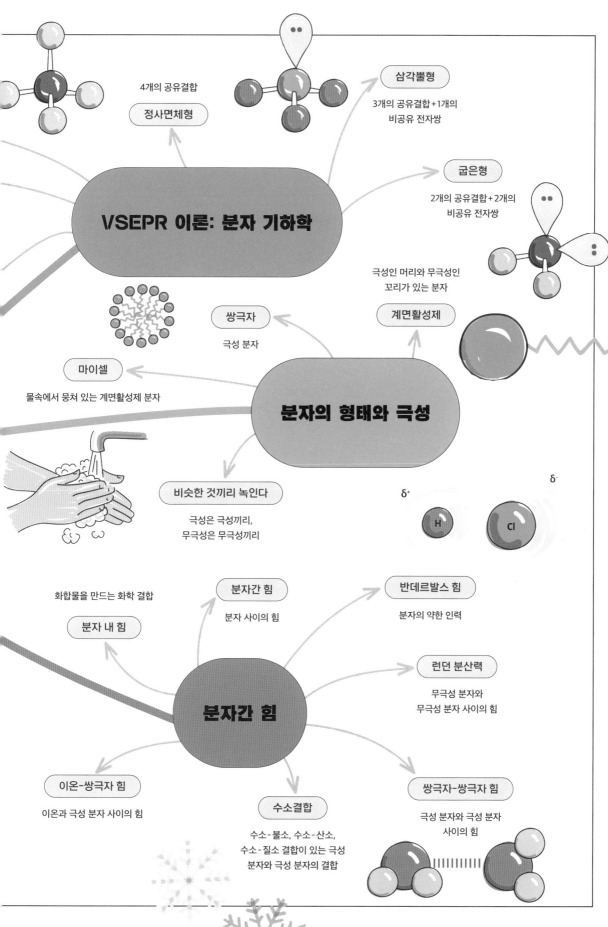

4개의 공유결합

정사면체형

삼각뿔형

3개의 공유결합+1개의
비공유 전자쌍

굽은형

2개의 공유결합+2개의
비공유 전자쌍

VSEPR 이론: 분자 기하학

극성인 머리와 무극성인
꼬리가 있는 분자

계면활성제

쌍극자

극성 분자

마이셀

물속에서 뭉쳐 있는 계면활성제 분자

분자의 형태와 극성

비슷한 것끼리 녹인다

극성은 극성끼리,
무극성은 무극성끼리

δ^+ H

δ^- Cl

화합물을 만드는 화학 결합

분자간 힘

분자 사이의 힘

반데르발스 힘

분자의 약한 인력

분자 내 힘

런던 분산력

무극성 분자와
무극성 분자 사이의 힘

분자간 힘

이온-쌍극자 힘

이온과 극성 분자 사이의 힘

수소결합

수소-불소, 수소-산소,
수소-질소 결합이 있는 극성
분자와 극성 분자의 결합

쌍극자-쌍극자 힘

극성 분자와 극성 분자
사이의 힘

8장

화학 반응과 화학량론

화학 반응은 물질의 화학적 구성이 변하는 과정입니다.
화학 반응에 관련된 원자의 종류는 바뀌지 않습니다.
단지 하나, 원래의 물질(반응물)과 새로 생기는 다른
물질(생성물)을 구성하는 원자의 배치만 바뀔 뿐입니다.
화학 반응이 일어나려면 반응물 분자의 화학 결합이 깨지고,
동시에 생성물 분자의 화학 결합이 일어나야 합니다. 화학
반응은 새로운 물질을 만드는 방법을 알려주는 조리법이라고
할 수 있지요. 화학자들은 몰 개념(33쪽을 보세요)을 이용하고
화학량론 계산법으로 균형을 맞춰 올바르게 쓴 화학 반응의
반응물과 생성물 양을 결정할 수 있습니다.

화학 반응식 쓰기와 균형 맞추기

화학 반응은 어떤 반응물을 사용해 원하는 생성물을 만들어낼 수 있는지를 알려줍니다. 원자와 분자, 이온을 나타내는 공통의 언어인 화학 기호를 이용해 화학적 변화를 **화학 반응식**으로 나타냅니다. 여기에 쓰이는 화학 기호는 반드시 정확해야 합니다. 또한 화학 반응식은 질량보존의 법칙을 만족하도록 적절히 균형이 맞아야 합니다.

화학 반응식

화학 반응식은 화살표를 기준으로 **반응물**과 **생산물**로 나뉩니다.
화살표는 생성을 뜻합니다. 여러 가지 반응물과 생성물은 + 기호로 구별합니다.

화학 반응식은 과학자들이 반응물과 생성물의 물리적인 상태를 파악하는 데도
도움이 됩니다. 알파벳 소문자를 이용해 기호로 나타내는데, s는 고체, l은 액체,
g는 기체, aq는 수용액을 나타냅니다. 이 기호를 각 물질 옆에 씁니다.

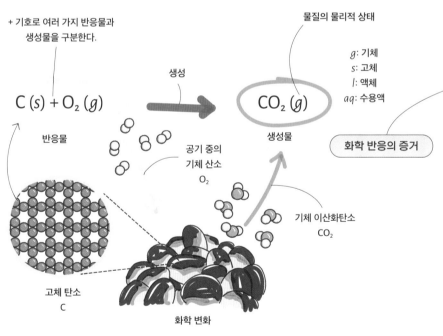

+ 기호로 여러 가지 반응물과
생성물을 구분한다.

생성

물질의 물리적 상태

g: 기체
s: 고체
l: 액체
aq: 수용액

$C\,(s) + O_2\,(g)$ → $CO_2\,(g)$

반응물

생성물

공기 중의
기체 산소
O_2

기체 이산화탄소
CO_2

고체 탄소
C

화학 변화

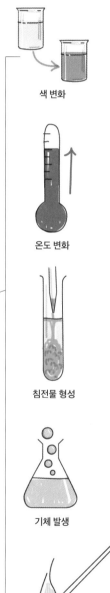

색 변화

온도 변화

침전물 형성

기체 발생

빛 발생

화학 반응의 증거

반응의 종류에 따라 화학 반응이 일어났다는 사실을 알려주는 여러 가지 증거가 있습니다.
가장 흔한 증거로는 색과 온도 변화, 빛, 소리, 거품, 침전물 등이 있습니다.
이런 '실마리' 몇 가지가 같은 반응에서 동시에 나타나기도 합니다.

화학 반응식 균형 맞추기

맛있는 케이크를 구우려면 조리법에 따라 모든 재료의 양을 세심하게 측정해서 알맞은 비율로 섞어야 합니다. 화학 반응식도 마찬가지이며, 화학자는 화학량론을 이용해 모든 반응물을 올바른 비율로 준비합니다.

화학 반응식도 조리법처럼 어떤 반응물(재료)을 써야 원하는 생성물을 만들 수 있는지 알려줍니다. 화학 반응식에서 쓰는 측정 단위는 몰이며, 각각의 반응물과 생성물 앞에 정수 형태로 나타냅니다. 이 수를 **화학량론 계수**라고 부릅니다.

달걀 3개

+

우유 250ml

=

팬케이크 6장

+

밀가루 125g

조리법은 각 재료(반응물)의 정확한 양을 알려준다.

조리법을 올바르게 따라야만 원하는 생성물을 만들 수 있다.

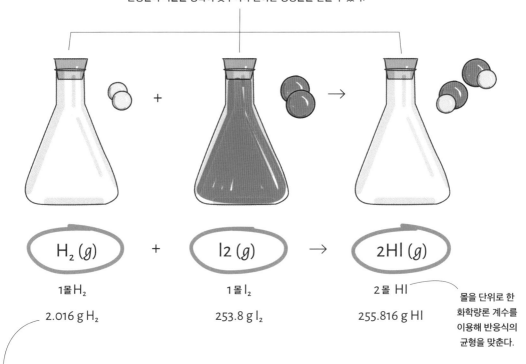

반응물의 비율을 정확히 맞추어야 원하는 생성물을 얻을 수 있다.

$$H_2 (g) + I_2 (g) \rightarrow 2HI (g)$$

1몰 H_2

2.016 g H_2

1몰 I_2

253.8 g I_2

2몰 HI

255.816 g HI

몰을 단위로 한 화학량론 계수를 이용해 반응식의 균형을 맞춘다.

화학 반응식은 질량 보존의 법칙을 만족해야 합니다. 따라서 반응물의 총 질량과 생성물의 총 질량은 같습니다. **화학량론 계수**를 정확히 써서 각각의 원자가 양쪽에 똑같은 수만큼 있도록 화학 반응식의 균형을 맞춥니다. 화학량론 계수는 몰을 단위로 사용하며, 편리한 측정을 위해 다른 단위로 바꿀 수 있습니다.

화학 반응식의 균형을 맞추는 법칙

말로 된 화학 반응식을 반응물과 생성물의 골격 반응식으로 고쳐 쓸 수 있습니다. 이 반응식은 어떤 화합물이 반응하는지, 어떤 생성물이 생기는지를 간단히 보여줍니다. 여기서 질량 보존의 법칙을 만족하도록 화학량론 계수를 적절히 조정해 올바른 반응물과 원하는 생성물을 나타내는 균형 잡힌 화학 반응식을 만듭니다. 균형을 맞출 때 아래첨자로 쓰인 숫자를 바꾸면 안 됩니다. 그러면 반응물이나 생성물의 종류가 달라집니다.

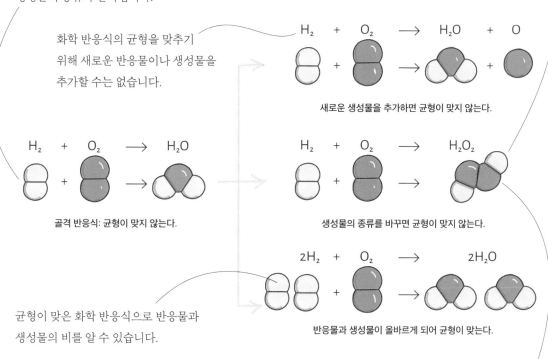

화학 반응식의 균형을 맞추기 위해 새로운 반응물이나 생성물을 추가할 수는 없습니다.

H_2 + O_2 $\longrightarrow$ H_2O + O

새로운 생성물을 추가하면 균형이 맞지 않는다.

H_2 + O_2 $\longrightarrow$ H_2O

골격 반응식: 균형이 맞지 않는다.

H_2 + O_2 $\longrightarrow$ H_2O_2

생성물의 종류를 바꾸면 균형이 맞지 않는다.

$2H_2$ + O_2 $\longrightarrow$ $2H_2O$

반응물과 생성물이 올바르게 되어 균형이 맞는다.

균형이 맞은 화학 반응식으로 반응물과 생성물의 비를 알 수 있습니다.

균형이 맞은 화학 반응식의 화학량론 계수를 이용해 화학자는 원하는 생성물을 원하는 만큼 만들 수 있습니다.

수소 기체와 산소 기체의 화학량론 계수 비가 올바르지 않으면 물(H_2O) 대신 과산화수소(H_2O_2)가 생길 수 있습니다. 이 두 생성물의 성질은 매우 다릅니다!

생성물의 화학적 적량을 맞추려면 비를 2:1로 맞추어야 한다.

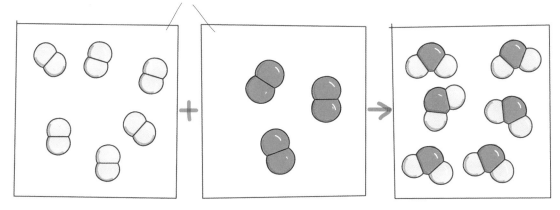

화학량론

균형이 맞은 화학 반응식의 계수는 반응에 관여한 물질의 몰비를 나타냅니다.
이 비율은 생성물을 원하는 만큼 만들기 위해 반응물이 얼마나 많이 필요한지를 알아내는 데 쓰일 수 있습니다.
사용한 반응물과 만들어진 생성물의 양적 관계를 수치로 나타내 연구하는 분야를 **화학량론**이라고 합니다.
화학자는 늘 그런 계산을 하며 원하는 양의 생성물을 만들 수 있는 화학 반응을 계획합니다.

화학량론

균형적인 화학 반응식의 계수는 반응물과 생성물 쪽에
있는 물질의 양적 비를 나타냅니다. 이런 몰 비는 생성물을
원하는 만큼 만들기 위해 반응물이 얼마나 필요한지를
알아내는 데 쓸 수 있습니다.

가루 형태의
아자이드화소듐(NaN_3)은
자동차의 에어백을 채우는
질소 기체를 만드는 화학
공정에 쓰이는 반응물입니다.
공학자가 특정 에어백에 필요한
질소 기체의 정확한 부피를
결정하면, 화학자가 화학량론을
이용해 아자이드화소듐이
얼마나 필요한지 알아냅니다.

에어백에서 일어나는
균형적인 화학 반응식의
경우 아자이드화소듐 2몰이
필요하다고 나오지만, 그것만
가지고는 질소 기체를 충분히
만들지 못할 수도 있습니다.
화학자는 화학량론을 이용해
화학 반응에 어떤 물질이 몇 몰 필요한지 계산할 수 있습니다. 그다음 몰을 질량이나 부피처럼
편리하게 쓸 수 있는 측정 단위로 변환할 수 있습니다.

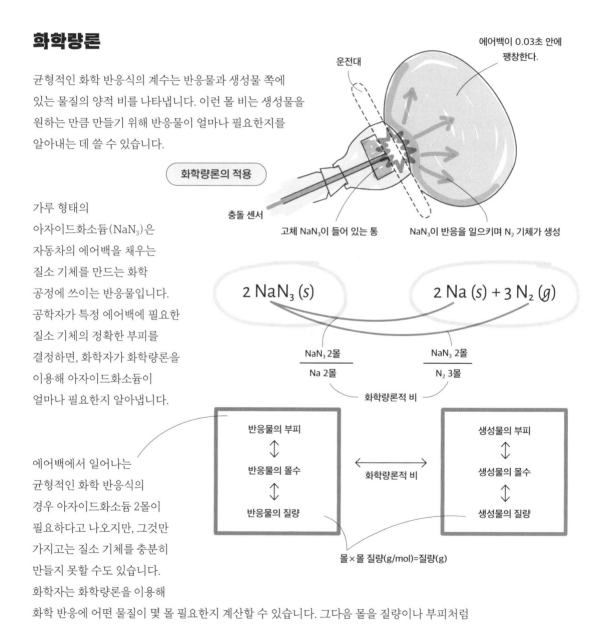

에어백이 0.03초 안에 팽창한다.

운전대

화학량론의 적용

충돌 센서

고체 NaN_3이 들어 있는 통

NaN_3이 반응을 일으키며 N_2 기체가 생성

$$2\ NaN_3\ (s) \qquad 2\ Na\ (s) + 3\ N_2\ (g)$$

NaN_3 2몰	NaN_3 2몰
Na 2몰	N_2 3몰

화학량론적 비

반응물의 부피		생성물의 부피
⇕		⇕
반응물의 몰수	화학량론적 비	생성물의 몰수
⇕		⇕
반응물의 질량		생성물의 질량

몰×몰 질량(g/mol)=질량(g)

한계 시약

언제나 반응물을 필요한 만큼 가질 수는 없습니다. 그러면 화학 반응으로 만들 수 있는 생성물의 양에 제한이 생깁니다. 화학 반응에서 먼저 떨어지는 반응물을 **한계 시약**이라고 합니다. 한계 시약은 만들어낼 수 있는 생성물의 양을 결정합니다.

차체 3개와 타이어 8개로는 완전한 자동차를 2대만 만들 수 있습니다. 타이어(한계 시약)가 먼저 부족해서 자동차를 더 만들 수 없기 때문입니다. 이 과정에서 차체 1개가 남게 되는데, 이것을 **잉여 시약**이라고 합니다.

차체 1개 + 타이어 4개 = 완전한 자동차 1대

차체 3개로 완전한 자동차 3대를 만들 수 있다.
(잉여 시약)

타이어 8개로는 완전한 자동차를 2대만 만들 수 있다.
(한계 시약)

이론적 생성량 = 완전한 자동차 2대

한계 시약이라는 개념은 화학에서 중요합니다. 한계 시약이 다 떨어지기 전에 화학 반응으로부터 만들 수 있는 생성물의 최대치(**이론적 생성량**)를 알려줍니다. 이론적 생성량을 알면 반응물의 양을 조절해 화학 폐기물이 생기지 않게 할 수 있습니다.

수소 분자 10개와 산소 분자 10개가 반응하면, 물 분자는 10개만 생깁니다. 수소와 산소의 화학양론적 비가 2:1이어서 수소가 먼저 떨어지기 때문입니다. 그러므로 이 화학 반응의 이론적 생성량은 물 분자 10개입니다.

생성물의 일부는 실험 오류로 사라지기도 하므로 실제 생성량은 줄어듭니다. 예를 들어 이론적 생성량이 물 분자 10개인 반응에서 실제로는 물 분자 8개를 얻었다면, 한계 시약이 허용하는 양보다 물 분자 2개만큼 적게 얻은 것입니다. 이 경우에 수율이 80%라고 말합니다.

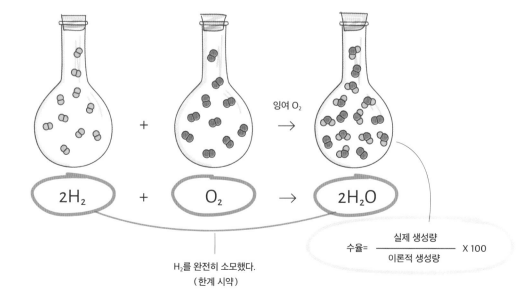

잉여 O_2

$$2H_2 + O_2 \rightarrow 2H_2O$$

H_2를 완전히 소모했다.
(한계 시약)

$$수율 = \frac{실제\ 생성량}{이론적\ 생성량} \times 100$$

화학 반응의 유형

반응물은 화학 반응을 거쳐 생성물로 변합니다. 이때 전체 원자의 수와 종류는 변하지 않습니다.
그러나 일단 시작된 화학 반응의 진행은 제각기 달라질 수 있습니다.
반응물 속의 원자가 다시 배열되어 생성물을 만드는 방식을 기준으로 화학 반응을 분류할 수 있지요.

산화환원 반응에서는 반응물 속의 서로 다른 두 원자 사이에서 전자의 이동이 일어납니다. **산화 반응**은 원자가 전자를 잃을 때 일어나고, **환원 반응**은 원자가 전자를 얻을 때 일어납니다. 산화환원 반응은 전기를 만드는 배터리에 쓰입니다.

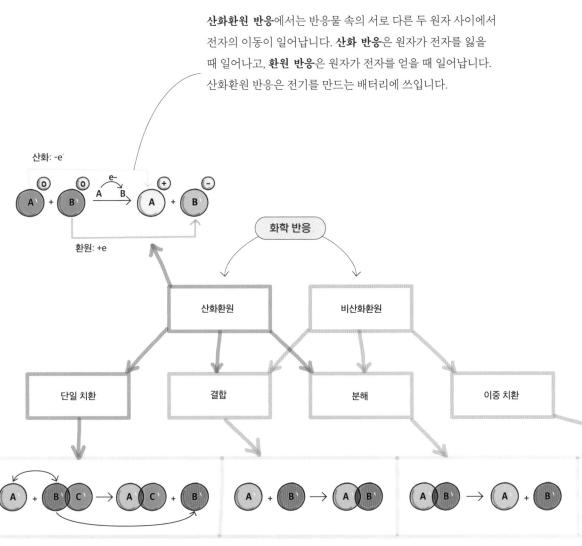

단일 치환 반응에서는 한 원소가 화합물 속의 다른 비슷한 원소를 대체합니다.

결합 반응에서는 2개 이상의 화합물이 결합해 새로운 물질을 이룹니다. 예를 들어, 수소 기체와 산소 기체가 결합하면 물이 됩니다.

분해 반응에서는 한 가지 화합물이 2개 이상의 좀 더 단순한 물질로 분해됩니다.
예를 들어, 아자이드화소듐이 소듐과 질소 기체로 바뀌는 분해 반응은 자동차 에어백에 쓰입니다.

우리는 일상에서 다양한 화학 반응을 접합니다. 어떤 반응은 생명체에 필수적이고, 어떤 반응은 편리함과 즐거움을 가져다주기도 합니다.

광합성 반응은 식물이 생존하는 데 필요한 에너지를 제공하고, 산소를 만들어냅니다. 햇빛은 대기 중의 이산화탄소와 물의 반응을 일으켜 포도당($C_6H_{12}O_6$)을 만듭니다.

연료의 **연소 반응**은 열과 기계적 에너지를 제공합니다. 탄소와 수소로 이루어진 탄화수소 화합물은 산소 기체와 반응해 물과 이산화탄소, 열을 만듭니다. 옥테인(C_8H_{18})은 휘발유의 주요 성분으로, 연소하며 자동차가 달리는 데 필요한 동력을 제공합니다.

손 씻기

광합성

연소

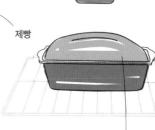

산소

일상 속의 화학 반응

녹

제빵

건전지

발효

소화

알칼라인 건전지에서 일어나는 산화환원 반응은 화학에너지를 전기에너지로 바꿉니다.

과일과 곡물의 포도당은 특정 효소에 의해 발효 작용을 거쳐 알코올과 이산화탄소로 바뀝니다.

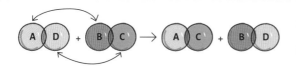

이중 치환 반응에서는 두 이온화합물이 양이온과 음이온을 교환하며 새로운 두 이온화합물을 이룹니다. 이 반응은 흔히 수용액에서 일어납니다.

베이킹소다는 아세트산($C_2H_4O_2$) 같은 산과 탄산수소소듐($NaHCO_3$)의 혼합물입니다. 제빵 과정에서 물기가 있는 재료와 마른 재료가 섞이면 반응이 일어나며 이산화탄소가 발생하고, 빵이 부풀어 오릅니다.

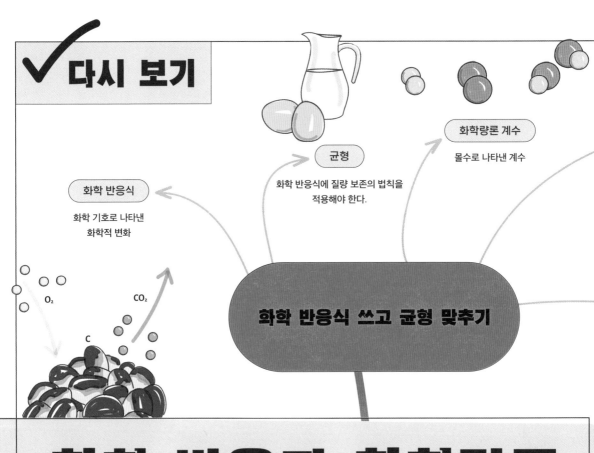

균형

화학 반응식에 질량 보존의 법칙을
적용해야 한다.

화학량론 계수

몰수로 나타낸 계수

화학 반응식

화학 기호로 나타낸
화학적 변화

O_2

CO_2

C

화학 반응식 쓰고 균형 맞추기

화학 반응과 화학량론

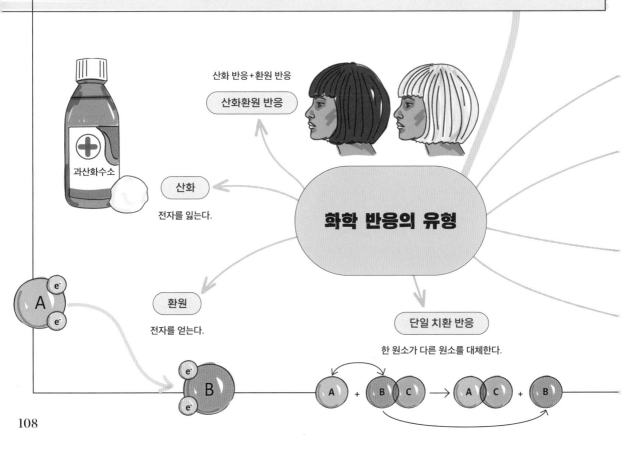

산화 반응+환원 반응

산화환원 반응

과산화수소

산화

전자를 잃는다.

화학 반응의 유형

환원

전자를 얻는다.

단일 치환 반응

한 원소가 다른 원소를 대체한다.

$A + B C \longrightarrow A C + B$

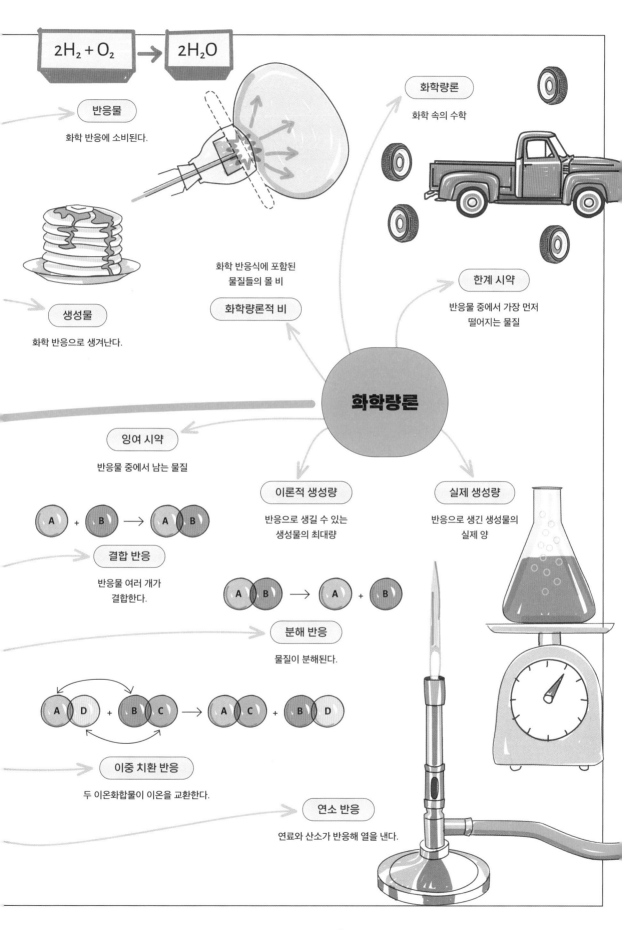

$2H_2 + O_2 \rightarrow 2H_2O$

반응물
화학 반응에 소비된다.

생성물
화학 반응으로 생겨난다.

화학량론
화학 속의 수학

화학 반응식에 포함된
물질들의 몰 비

화학량론적 비

한계 시약
반응물 중에서 가장 먼저
떨어지는 물질

화학량론

잉여 시약
반응물 중에서 남는 물질

이론적 생성량
반응으로 생길 수 있는
생성물의 최대량

실제 생성량
반응으로 생긴 생성물의
실제 양

A + B ⟶ A B

결합 반응
반응물 여러 개가
결합한다.

A B ⟶ A + B

분해 반응
물질이 분해된다.

A D + B C ⟶ A C + B D

이중 치환 반응
두 이온화합물이 이온을 교환한다.

연소 반응
연료와 산소가 반응해 열을 낸다.

9장

용액

용액은 둘 이상의 성분이 균질하게 섞인 혼합물로, 실험실과
생물학 및 화학의 산업화에 핵심적인 역할을 합니다. 우리가
숨 쉬는 공기, 마시는 액체, 핏줄 속의 피, 몸속의 액체가 모두
용액입니다. 성분에 물이 포함된 수용액은 수많은 중요한
화학적, 생물학적 반응의 매질이 되어 생명을 유지할 수
있게 해줍니다. 예를 들어, 산소는 폐에서 적혈구 안에 있는
헤모글로빈과 화학적으로 결합해 몸의 조직으로 운반됩니다.
용액 화학이 없었다면 이런 생명 현상은 불가능했을 겁니다.

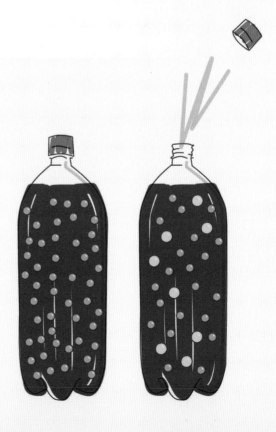

용액의 유형

용액은 둘 이상의 성분이 섞여 한 가지 상태(액체, 고체, 또는 기체)를 이루는 혼합물입니다. 모든 분자가 고르게 퍼져 있어야 하지요. 용액의 상태는 가장 양이 많은 성분(**용매**)에 따라 정해집니다. 용매에 녹는 다른 모든 성분은 **용질**입니다. 용매와 용질 입자의 성질은 용액의 특성을 결정합니다. 하지만 화학에서 가장 흔히 접할 수 있는 것은 수용액입니다. 용액을 조제할 수 있는 건 **비슷한 것끼리 녹인다**는 원리 때문입니다.

기체 상태의 용액

기체 상태의 용액에서는 용매와 용질이 모두 기체 상태입니다. 공기, 천연가스, 잠수부의 산소통 안에 든 기체 혼합물은 우리가 일상에서 흔히 접하는 기체 상태의 용액입니다.

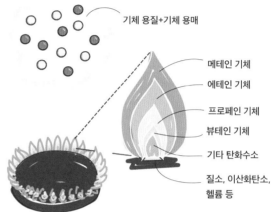

기체 용질+기체 용매

메테인 기체
에테인 기체
프로페인 기체
뷰테인 기체
기타 탄화수소
질소, 이산화탄소, 헬륨 등

68% N₂

32% O₂

액체 상태의 용액

액체 상태의 용액에서는 용매가 액체 상태지만, 용질은 고체나 액체, 기체 상태일 수 있습니다. 고체 용질이 녹은 것은 화학에서 가장 쉽게 접할 수 있는 액체 용액입니다.

탄산수는 액체 상태의 물에 이산화탄소 기체가 녹아 있는 것입니다. 이런 용액은 그다지 안정적이지 않아서 기체 상태의 용질이 용액에서 빠져나오려 합니다. 이게 바로 탄산음료를 시원한 곳에 보관하는 이유입니다.

의료계에서 흔히 쓰이는 생리식염수는 용매가 물이고, 용질이 염화소듐인 염류 용액입니다. 이런 용액을 만들기 위해서는 용질이 반드시 용매에 녹아야 합니다.

소독용 알코올은 용매와 용질 모두가 액체인 액체 용액의 한 사례입니다. 용액 속의 액체 성분은 반드시 혼화할(서로를 녹일) 수 있어야 합니다.

탄산음료

기체 용질
+액체 용매

생리식염수

고체 용질
+액체 용매

소독용
알코올

액체 용질
+액체 용매

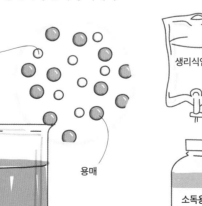

용질

용매

고체 용액

고체 상태의 용질과 용매는
고체 용액을 만듭니다. 두 고체
금속 성분이 고르게 섞인 혼합물은
합금이라 하지요. 예를 들어,
강철은 연철(용매)와 탄소(용질)의
혼합물입니다.

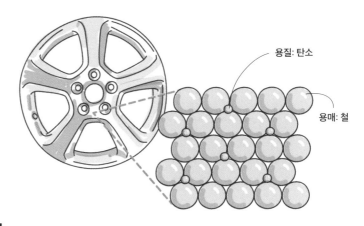

용질: 탄소

용매: 철

진한 용액과 묽은 용액

용액은 함유한 용질의 양에 따라 분류할
수 있습니다. 용매에 비해 용질이 많으면
진한 용액이라 하고, 용매에 비해 용질이
아주 적으면 **묽은 용액**이라고 합니다.

용매   용질

진한 용액

묽은 용액

포화용액과 불포화용액, 과포화용액

어떤 온도에서 용매에 녹을 수 있는
용질의 양에는 한계가 있습니다.
용매에 용질이 더 녹을 수 있을 때를
불포화용액이라고 합니다.

포화용액은 녹은 용질의 양이
한계에 도달한 것입니다.
용질을 더 넣어도 녹지 않고 바닥에
가라앉습니다.

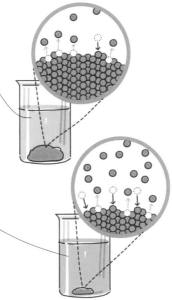

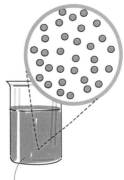

과포화용액은 포화용액보다
용질이 더 많이 녹은 것입니다.
녹을 수 있는 한계를 넘었기
때문에 이런 용액은 불안정합니다.

탄산음료는 이산화탄소 기체가 압력을 받아 물에 녹은 수용액입니다.
과포화용액의 한 사례지요. 탄산음료 병의 뚜껑을 열면 압력이
떨어집니다. 이 압력은 이산화탄소가 빠져나오는 것을 막기 때문에
압력이 낮을 때보다 더 많은 이산화탄소가 물에 녹을 수 있게 해줍니다.

용액과 콜로이드, 현탁액

용액에 녹은 물질의 평균 입자 크기는 1나노미터(1nm=10억 분의 1m) 이하입니다. 입자가 작기 때문에 용액은 층으로 나뉘지 않고 어느 부분이나 똑같아 보입니다.

용질 입자의 크기가 1~100nm일 때를 **콜로이드**라고 부릅니다. 입자가 크기 때문에 콜로이드는 뿌옇게 보입니다. 예를 들어, 우유는 작은 유지방 방울이 액체 속에 떠다니는 콜로이드입니다. 콜로이드는 시간이 지나도 입자가 가라앉지 않습니다.

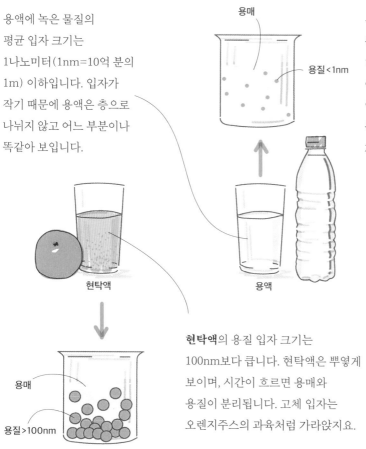

용매

용질<1nm

현탁액

용액

콜로이드

현탁액의 용질 입자 크기는 100nm보다 큽니다. 현탁액은 뿌옇게 보이며, 시간이 흐르면 용매와 용질이 분리됩니다. 고체 입자는 오렌지주스의 과육처럼 가라앉지요.

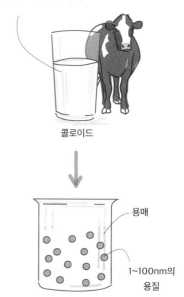

용매

용질>100nm

용매

1~100nm의 용질

틴들 효과

콜로이드나 현탁액, 또는 공기 중의 입자에 빛이 산란하는 현상을 **틴들 효과**라고 부릅니다. 이 효과는 입자의 크기에 영향을 받습니다.

용액 속의 용질 입자는 너무 작아서 빛을 산란하지 않습니다. 따라서 틴들 효과를 관찰할 수 없습니다. 광선은 그대로 용액을 통과해 버립니다. 그러나 광선이 콜로이드나 현탁액을 통과할 때는 커다란 용질 입자에 산란되어 광선이 지나가는 길이 보입니다. 틴들 효과를 관찰할 수 있는 것이지요. 방 안의 먼지 입자에 태양 빛이 산란되는 현상과 비슷합니다.

용액

콜로이드

현탁액

용액의 농도

용액의 농도는 용매 또는 용액에 녹아 있는 용질의 양을 나타내는 척도로, 다양한 방식으로 나타낼 수 있습니다. 용액 속 용질의 양은 용액을 만드는 목적에 따라 달라질 수 있습니다. 많은 화학 반응이 용액 속에서 일어납니다. 이 경우 용질의 양을 정확히 아는 건 화학량론에 중요합니다.

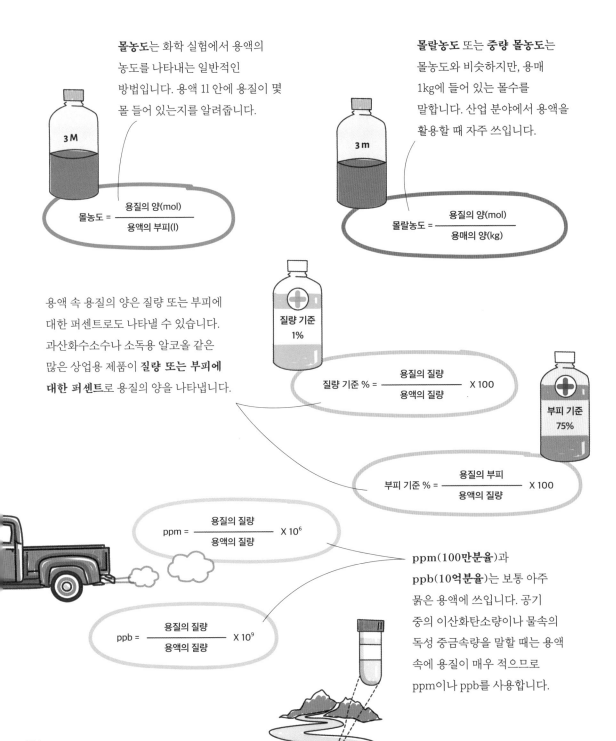

몰농도는 화학 실험에서 용액의 농도를 나타내는 일반적인 방법입니다. 용액 1l 안에 용질이 몇 몰 들어 있는지를 알려줍니다.

몰랄농도 또는 **중량 몰농도**는 몰농도와 비슷하지만, 용매 1kg에 들어 있는 몰수를 말합니다. 산업 분야에서 용액을 활용할 때 자주 쓰입니다.

$$\text{몰농도} = \frac{\text{용질의 양(mol)}}{\text{용액의 부피(l)}}$$

$$\text{몰랄농도} = \frac{\text{용질의 양(mol)}}{\text{용매의 양(kg)}}$$

용액 속 용질의 양은 질량 또는 부피에 대한 퍼센트로도 나타낼 수 있습니다. 과산화수소수나 소독용 알코올 같은 많은 상업용 제품이 **질량 또는 부피에 대한 퍼센트**로 용질의 양을 나타냅니다.

$$\text{질량 기준 \%} = \frac{\text{용질의 질량}}{\text{용액의 질량}} \times 100$$

$$\text{부피 기준 \%} = \frac{\text{용질의 부피}}{\text{용액의 질량}} \times 100$$

$$\text{ppm} = \frac{\text{용질의 질량}}{\text{용액의 질량}} \times 10^6$$

$$\text{ppb} = \frac{\text{용질의 질량}}{\text{용액의 질량}} \times 10^9$$

ppm(100만분율)과 **ppb(10억분율)**는 보통 아주 묽은 용액에 쓰입니다. 공기 중의 이산화탄소량이나 물속의 독성 중금속량을 말할 때는 용액 속에 용질이 매우 적으므로 ppm이나 ppb를 사용합니다.

용액 조제

용액을 조제하려면 먼저 원하는 농도를 만들기 위해 필요한 용질의 질량이나 부피를 알아내야 합니다.
그리고 용질과 용매를 신중하게 섞어서 용액을 조제합니다.

저장 용액 조제

저장 용액은 농축한 용액입니다. 조제를 위해서는 먼저 필요한
용질의 양을 알아야 합니다. 그 양은 조제하고자 하는 용액에
따라 질량 또는 부피로 잴 수 있습니다.

용질

용매

그다음에는 원하는 부피의 용액을
조제할 수 있도록 만들어진 눈금
플라스크 같은 용기에 용질을
옮깁니다. 플라스크의 눈금은 부피를
나타냅니다.

눈금 플라스크

필요한 양의 절반 정도 되는 용매에 용질을 녹입니다. 농도가 일정하도록
용질 입자가 모두 녹아야 합니다.

용매를 더 넣어서 용액의 부피와 농도를 원하는 대로 만듭니다.

저장 용액

희석

저장 용액을 희석해서 용액을 조제할 수도 있습니다.
연속희석법은 농도를 알고 있는 저장 용액에 다양한
양의 용매를 추가해 여러 가지 희석 용액을 만드는
기법입니다.

용액을 희석하면 용매를 더 넣게
되므로 부피가 늘어나고 농도는
줄어듭니다. 화학자들은 부피(V)와
몰농도(M) 사이의 관계를 이용해
저장 용액을 희석합니다.

저장용액

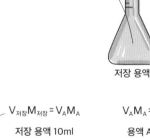

$V_{저장}M_{저장} = V_A M_A$

저장 용액 10ml
+용매 90ml

$V_A M_A = V_B M_B$

용액 A 10ml
+용매 90ml

$V_B M_B = V_C M_C$

용액 B 10ml
+용매 90ml

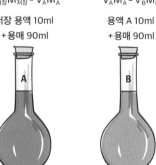

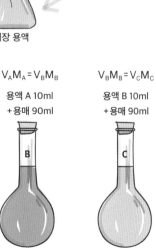

1:10 희석

1:100희석

1:1000희석

용해도

용매에 물질이 녹는 정도를 **용해도**라고 부릅니다. 용질은 포화 상태에 이를 때까지 용매에 녹습니다.
포화 상태란 용질이 용매에 더 이상 녹을 수 없을 때까지 녹아 있는 상태를 말합니다.
용해도는 온도와 압력, 환경뿐만 아니라 용매와 용질 분자의 물리적·화학적 특성에 따라 달라집니다.

용매화

용질 분자와 용매 분자 사이의 인력이
용질 입자를 한데 묶어 놓는 힘보다
강하다면, 용질은 용매에 녹습니다.
이 과정을 **용매화**라고 하며, 용매
분자가 용질 입자를 둘러싸서 용액
속으로 잡아당깁니다.

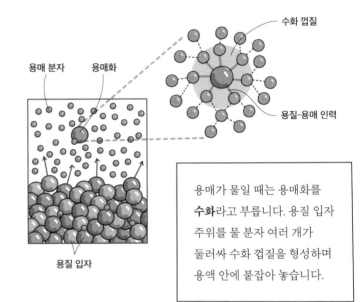

용매가 물일 때는 용매화를
수화라고 부릅니다. 용질 입자
주위를 물 분자 여러 개가
둘러싸 수화 껍질을 형성하며
용액 안에 붙잡아 놓습니다.

용액 평형

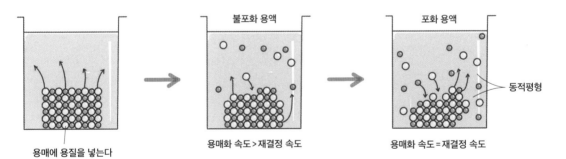

용질 입자를 용액 안에 붙잡아 놓기
위해 용매 분자 여럿이 쓰일 때는
일정한 부피의 용매에 녹을 수 있는
용질 입자의 수에 최대 한계가
있습니다. 이 한계를 넘어가면
용질은 다시 결정이 되거나
침전되어 용액에서 빠져나옵니다.

용매에 용질을 처음 넣으면 용매화
과정이 일어납니다.

용액이 불포화 상태일 때는 용매화
과정이 계속 일어납니다. 이건
재결정 또는 침전 속도보다 용매화
속도가 훨씬 더 빠르다는 뜻입니다.

용매의 수용 한계에 이르면 용매화
속도가 재결정 속도와 같아집니다.
단위 시간당 녹는 용질 입자의 수가
재결정으로 용액에서 빠져나오는
용질 입자의 수가 같게 됩니다.
이때 용액이 **동적평형** 상태에
이르렀다고 말합니다.

온도의 영향

고체와 액체는 보통 온도가 높아질수록 용해도가 높아집니다.
높은 온도에서는 분자의 운동에너지가 더 크기 때문에 용질과 용매의
상호작용이 더 활발해집니다.

분자의 속도가 더 빨라지고 용질 입자를 한데 묶어 놓는 분자간 힘이
약해지기 때문에 용해도가 높아집니다. 차가운 커피보다 뜨거운 커피에
설탕이 훨씬 더 많이 녹는 이유입니다.

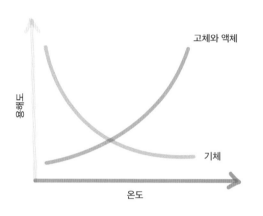

온도가 올라가면 액체 속 기체의 용해도는 낮아집니다.
높은 온도에서는 분자의 속도가 더 빨라지기 때문에
기체 분자가 액체 상태에서 더 쉽게 벗어나고, 따라서
용해도가 낮아집니다. 탄산음료는 시원할 때 마셔야
맛있는 이유입니다.

압력의 영향

고체와 액체의 용해도는 압력의
영향을 받지 않습니다. 하지만
액체 속 기체의 용해도는 압력이
클수록 높아집니다. 위에서
누르는 압력이 커지면, 기체
분자는 강제로 액체 상태가
됩니다. 따라서 더 많은 기체
분자가 용액 속에 남게 됩니다.

탄산음료는 물에 이산화탄소를
녹이기 위해 높은 압력에서
만들어집니다. 병을 열면 쉭
하는 소리가 나는데, 그건 병
내부의 압력이 떨어지면서 나는
소리입니다. 그와 함께 용해도가
낮아지며 녹아 있던 이산화탄소가
액체 상태에서 빠져나옵니다.

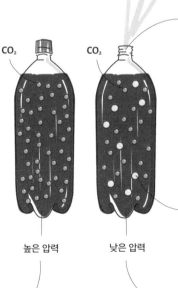

CO_2 CO_2

높은 압력 낮은 압력

거품

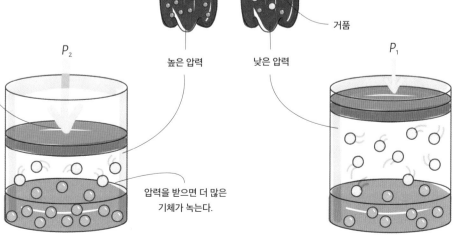

P_2 P_1

압력을 받으면 더 많은
기체가 녹는다.

용해도 규칙

전해질 용액 속에서 작용하는 강력한 이온-쌍극자 힘은 이온 화합물의 용해도가 높은 이유입니다. 그러나 모든 이온 화합물이 물에 녹지는 않습니다. 일부 이온 화합물을 한데 묶어놓는 힘은 너무 강해서 물에 섞어도 끊어지지 않아 불용성(녹지 않음)입니다. **용해도 규칙**은 화합물의 용해 성질을 재빨리 확인할 수 있도록 화학자들이 개발한 지표입니다.

주기율표의 1A족에 속한 양이온을 비롯해 특정 양이온과 음이온을 포함한 이온화합물은 항상 용해성입니다. 불용해성인 경우는 없습니다.

이온의 결합은 주로 용해성 화합물을 이룹니다. 하지만 예외적으로 불용해성인 경우도 몇 가지 있습니다. 예를 들어, 염소(Cl^-) 화합물은 용해성이지만, Ag^+와 Pb^{2+}, Hg_2^{2+}와 결합했을 때는 불용해성입니다.

많은 수산화물(OH^-와 결합한 화합물)은 용해성이지만, 수산화마그네슘은 물에서 난용해성입니다. 흔히 위산 역류를 치료하기 위한 제산제의 활성 성분으로 쓰입니다.

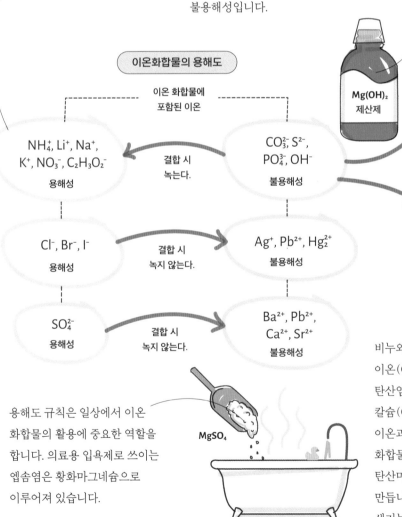

이온화합물의 용해도

이온 화합물에 포함된 이온

NH_4^+, Li^+, Na^+, K^+, NO_3^-, $C_2H_3O_2^-$
용해성

결합 시 녹는다.

CO_3^{2-}, S^{2-}, PO_4^{3-}, OH^-
불용해성

$Mg(OH)_2$ 제산제

CaS_2, SrS_2, BaS_2
용해성

$Ca(OH)_2$, $Sr(OH)_2$, $Ba(OH)_2$,
난용해성

Cl^-, Br^-, I^-
용해성

결합 시 녹지 않는다.

Ag^+, Pb^{2+}, Hg_2^{2+}
불용해성

SO_4^{2-}
용해성

결합 시 녹지 않는다.

Ba^{2+}, Pb^{2+}, Ca^{2+}, Sr^{2+}
불용해성

$MgSO_4$

용해도 규칙은 일상에서 이온 화합물의 활용에 중요한 역할을 합니다. 의료용 입욕제로 쓰이는 엡솜염은 황화마그네슘으로 이루어져 있습니다.

비누와 세제에는 탄산염 이온(CO_3^{2-})이 들어 있습니다. 탄산염 이온은 경수에 들어 있는 칼슘(Ca^{2+}), 마그네슘(Mg^{2+}) 이온과 결합해 불용성 화합물인 탄산칼슘($CaCO_3$)과 탄산마그네슘($MgCO_3$)을 만듭니다. 욕조에 하얀 얼룩이 생기는 게 바로 이것 때문입니다.

침전 반응

침전 반응은 물에 녹는 두 화합물이 섞였을 때 불용성 화합물이 생기는 것을 말합니다. 예를 들어, 아이오딘화포타슘(KI)과 질산납(II)($Pb(NO_3)_2$)은 둘 다 용해성 화합물이지만, 두 수용액을 섞으면 물에 녹지 않는 노란색 아이오딘화납(II)(PbI_2)이 생겨나 가라앉습니다.

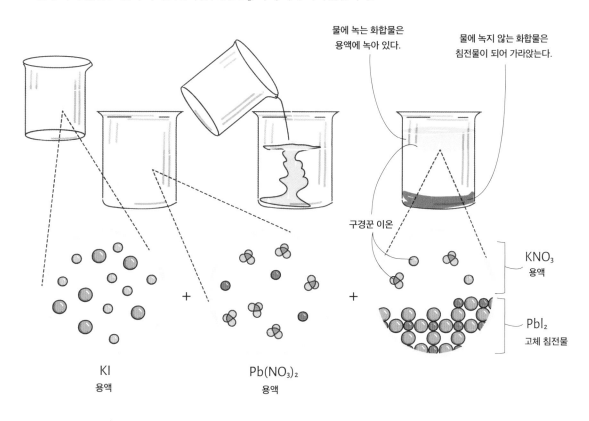

물에 녹는 화합물은 용액에 녹아 있다.

물에 녹지 않는 화합물은 침전물이 되어 가라앉는다.

구경꾼 이온

KNO_3
용액

PbI_2
고체 침전물

KI
용액

Pb(NO₃)₂
용액

분자 반응식은 두 수용액을 섞을 때 일어나는 **이중 치환 반응**을 보여줍니다.

$$2KI\ (aq) + Pb(NO_3)_2\ (aq) \rightarrow PbI_2\ (s) + 2KNO_3\ (aq)$$

전체 이온 반응식은 용액 속에 있는 실제 입자를 더 잘 보여주는 반응식입니다. 모든 용해성 화합물을 용매화된 이온으로 나타내며, 용매화된 이온에 녹지 않는 침전물은 화합물 형태로 씁니다.

$$2K^+\ (aq) + 2I^-\ (aq) + Pb^{2+}\ (aq) + 2NO_3^-\ (aq) \rightarrow PbI_2\ (s) + 2K^+\ (aq) + 2NO_3^-\ (aq)$$

$$Pb^{2+}\ (aq) + 2I^-\ (aq) \rightarrow PbI_2\ (s)$$

알짜 이온 반응식은 침전물 형성에 참여하는 이온만 나타냅니다. 고체 형태의 생성물을 만드는 데 관여하지 않는 다른 모든 이온은 **구경꾼 이온**이므로 쓰지 않습니다. 여기에 있는 반응식에서는 K^+와 NO_3^-가 구경꾼 이온입니다.

용액의 총괄성

총괄은 여러 가지 개념을 통틀어서 커다란 **하나의 개념**으로 포괄한다는 뜻입니다.
용액의 총괄성은 화학 성분과 관계없이 용질의 양에 따라 변하는 성질을 말합니다.
이런 성질은 순수한 용매와 용액의 분자가 어떻게 다른 환경에 처하는지를 보여줍니다.

증기압 내림

액체의 표면에 있는 액체 분자는
기체 상태로 변해 빠져나옵니다.
만약 액체가 **밀폐 용기** 안에
있다면 이 때문에 증기압이
생깁니다. 순수한 액체의 증기압은
증기가 액체 상태와 평형을 이루며
가하는 압력으로 정의합니다.
상온에서의 증기압은 액체 상태일
때 분자간 힘의 강도와 밀접한
관련이 있습니다. 분자간 힘이
약한 액체는 증기압이 큽니다.

비휘발성 용질이 녹으면 증기압이
순수한 용매일 때보다 낮아집니다.
용질 분자의 존재가 액체의 분자
구조를 교란하기 때문입니다.
용질-용매 인력이 용매-용매
인력보다 크기 때문에 기체 상태로
빠져나가는 분자의 수가 적어지고,
용액의 증기압은 순수한 용매의
증기압보다 낮아집니다.

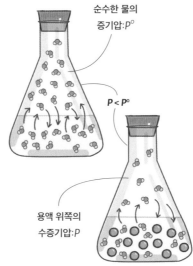

순수한 물의
증기압: P^o

$P < P^o$

용액 위쪽의
수증기압: P

어는점 내림

어는점 내림은 용액 어는 온도가 순수한 용매 어는 온도보다 낮아지는
현상을 말합니다. 소금물 용액 속의 이온은 순수한 물에서 일어나는
육각형 얼음 구조 형성을 방해해 소금물이 0℃보다 낮은 온도에서
얼게 합니다. 물속에 이온이 더 많을수록 어는점은 더 낮아집니다.

따라서 이온이 많은 전해질 수용액은 비전해질 수용액보다
어는점이 낮습니다. 겨울철 얼음이 언 도로에 소금을 뿌리면
얼음을 녹일 수 있는 게 바로 이 때문입니다.

m = 용액의
몰랄농도

K_f = 용매와
관련된 상수

ΔT_f =
어는점의 변화

$$\Delta T_f = m \times K_f$$

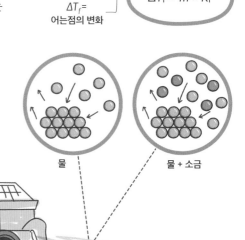

물

물 + 소금

끓는점 오름

용매-용매 인력보다 용질-용매 인력이 더 강하기 때문에 용액을 끓일 때는 순수한 용매를 끓일 때보다 더 많은 에너지가 들어갑니다. 액체 위쪽의 증기압이 대기압과 같아지면 용액이 끓기 시작합니다. 그러나 용액은 순수한 용매보다 증기압이 낮으므로 대기압과 같아지려면 더 많은 분자가 기체 상태로 변해야 합니다. 그러려면 더 높은 온도가 필요합니다. **끓는점 오름**은 용액이 순수한 용매보다 더 높은 온도에서 끓는 현상을 말합니다.

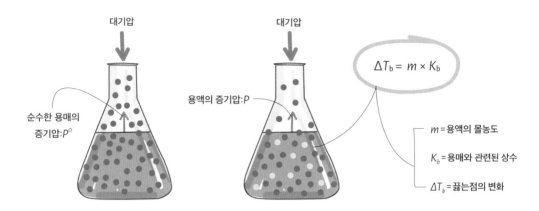

대기압

대기압

$$\Delta T_b = m \times K_b$$

순수한 용매의 증기압:P^0

용액의 증기압:P

$m =$ 용액의 몰농도

$K_b =$ 용매와 관련된 상수

$\Delta T_b =$ 끓는점의 변화

삼투압

삼투는 용매가 묽은 용액에서 진한 용액으로 옮겨가는 현상입니다. 진한 염류 용액은 변비를 치료하는 데 쓰입니다. 염류 용액이 창자 속을 지나가면서 주변 조직으로부터 물을 끌어와 증상을 완화하기 때문입니다.

창자의 벽은 아래 그림에서 묽은 용액과 진한 용액의 사이에 놓인 반투과성 막과 같은 역할을 합니다. 용매 분자는 벽을 통과할 수 있지만, 용질 분자는 통과하지 못합니다. 시간이 흐르면, 묽은 용액 쪽의 용매가 진한 용액 쪽으로 옮겨가면서 묽은 용액 쪽의 양이 줄어듭니다. 이때의 압력이 **삼투압**입니다. 진한 용액 쪽에 외부 압력을 가하면 용매가 거꾸로 진한 용액 쪽에서 묽은 용액 쪽으로 움직이게 만들 수 있습니다. **역삼투**라고 하는 이 현상은 바닷물을 마실 수 있는 물로 만드는 기술의 기본 원리입니다.

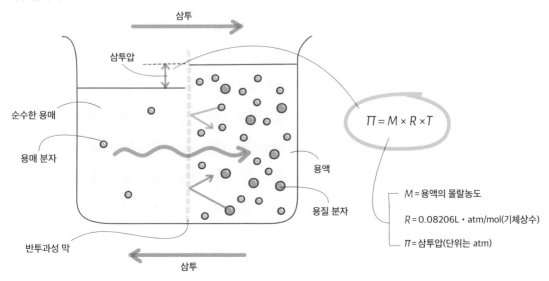

삼투

삼투압

순수한 용매

용매 분자

$$\Pi = M \times R \times T$$

용액

용질 분자

$M =$ 용액의 몰랄농도

$R = 0.08206$L · atm/mol(기체상수)

$\Pi =$ 삼투압(단위는 atm)

반투과성 막

삼투

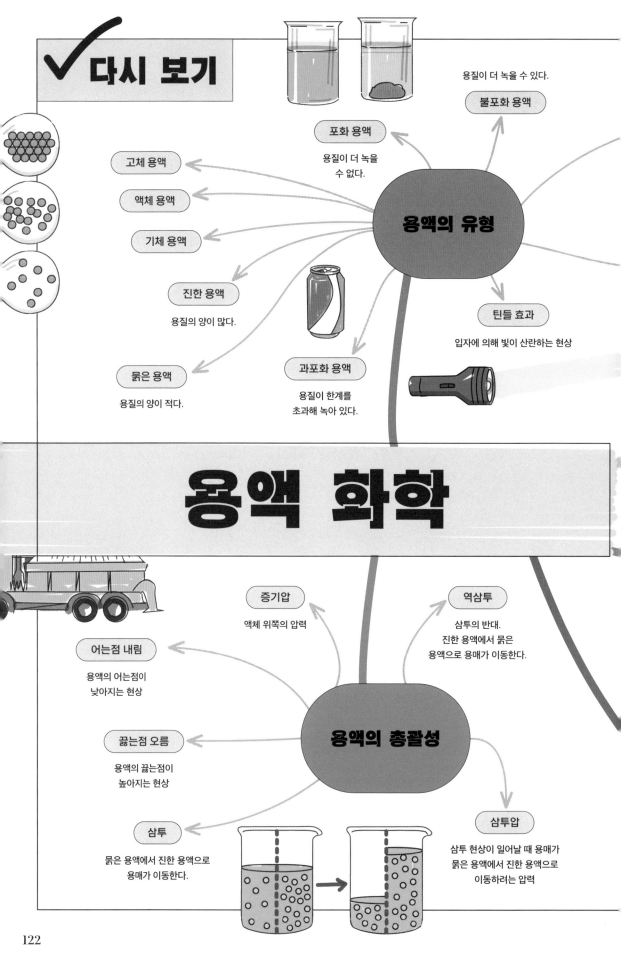

용질이 더 녹을 수 있다.

불포화 용액

포화 용액

용질이 더 녹을
수 없다.

고체 용액

액체 용액

기체 용액

진한 용액

용질의 양이 많다.

묽은 용액

용질의 양이 적다.

과포화 용액

용질이 한계를
초과해 녹아 있다.

틴들 효과

입자에 의해 빛이 산란하는 현상

용액 화학

용액의 유형

증기압

액체 위쪽의 압력

역삼투

삼투의 반대.
진한 용액에서 묽은
용액으로 용매가 이동한다.

어는점 내림

용액의 어는점이
낮아지는 현상

끓는점 오름

용액의 끓는점이
높아지는 현상

삼투

묽은 용액에서 진한 용액으로
용매가 이동한다.

용액의 총괄성

삼투압

삼투 현상이 일어날 때 용매가
묽은 용액에서 진한 용액으로
이동하려는 압력

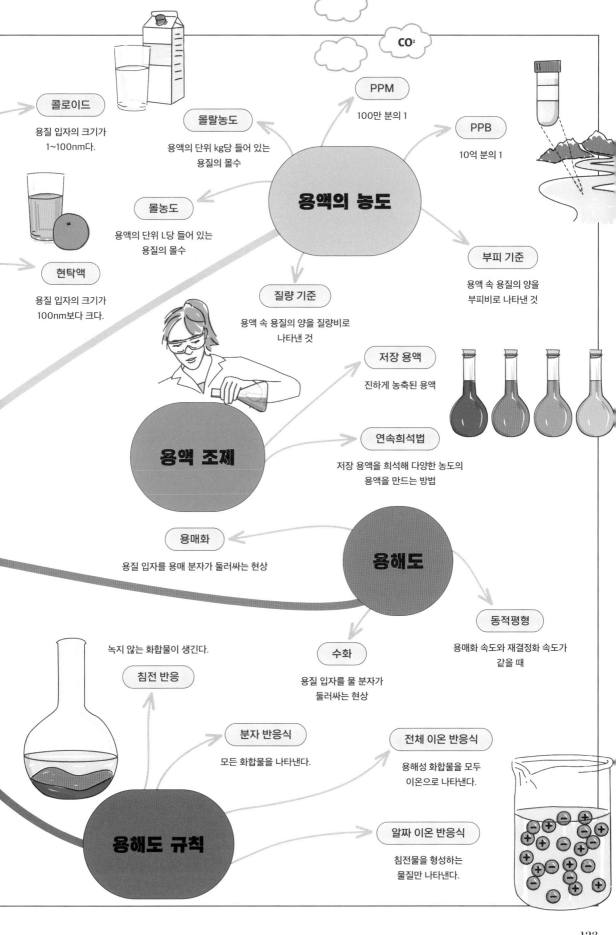

CO²

콜로이드

용질 입자의 크기가
1~100nm다.

몰랄농도

용액의 단위 kg당 들어 있는
용질의 몰수

PPM

100만 분의 1

PPB

10억 분의 1

몰농도

용액의 단위 L당 들어 있는
용질의 몰수

용액의 농도

현탁액

용질 입자의 크기가
100nm보다 크다.

질량 기준

용액 속 용질의 양을 질량비로
나타낸 것

부피 기준

용액 속 용질의 양을
부피비로 나타낸 것

저장 용액

진하게 농축된 용액

용액 조제

연속희석법

저장 용액을 희석해 다양한 농도의
용액을 만드는 방법

용매화

용질 입자를 용매 분자가 둘러싸는 현상

용해도

동적평형

용매화 속도와 재결정화 속도가
같을 때

녹지 않는 화합물이 생긴다.

침전 반응

수화

용질 입자를 물 분자가
둘러싸는 현상

분자 반응식

모든 화합물을 나타낸다.

전체 이온 반응식

용해성 화합물을 모두
이온으로 나타낸다.

용해도 규칙

알짜 이온 반응식

침전물을 형성하는
물질만 나타낸다.

10장

기체

기체는 물질의 기본적인 물리 상태 세 가지 중 하나입니다. 액체나
고체 상태와 비교하면 입자 사이의 거리가 멀고, 일정한 형태나
부피를 갖지 않습니다. 대부분의 기체는 사람의 눈에 보이지 않지만,
기체가 서로 다른 환경에서 어떤 성질을 보이는지 이해하는 건 많은
화학자와 과학자의 연구에 중요한 역할을 합니다. 순수한 기체는
개별 원자(He, Ne)일 수도, 같은 종류의 원자로 이루어진 분자(H_2,
N_2, O_2)일 수도, 서로 다른 원자로 이루어진 분자(CO_2, SO_2)일 수도
있지만, 흔히 기체는 순수한 기체 여럿이 섞인 형태로 존재합니다.
예를 들어, 우리가 항상 접하는 기체인 지구의 대기는 여러 기체가
섞인 거대한 바다와 같습니다.

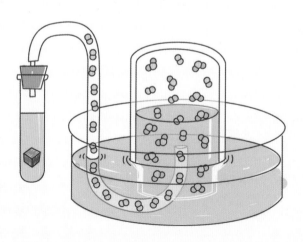

기체 분자 운동론

기체 분자 운동론에서 물질 입자의 성질은 관찰한 기체의 특성을 설명하는 데 쓰입니다. **기체 분자 운동론**은 기체 입자가 용기 안에서 무작위로 끊임없이 움직이며 온도, 압력, 부피 같은 다양한 물리적 특성을 만든다는 개념에 바탕을 두고 있습니다. 실제 기체의 운동과는 다르지만, 이 개념에서 유래한 기본 아이디어는 모든 기체에 적용됩니다.

기본 가정

- 기체 입자 사이에는 인력이나 반발력이 존재하지 않습니다. 기체 입자는 사실상 서로 완전히 무시합니다.

- 기체 입자와 원자, 분자의 크기는 그 사이의 거리와 비교하면 매우 작습니다. 기체 입자의 부피는 무시할 수 있습니다.

- 기체 입자는 용기 안에서 끊임없이 무작위로 움직입니다. 이를 **브라운 운동**이라고 부르며, 입자는 다른 입자와 용기 벽에 부딪힙니다.

- 기체 입자가 서로 충돌할 때 에너지는 사라지지 않습니다. 이와 같은 충돌을 **탄성 충돌**이라고 부르며, 입자는 서로 에너지를 교환하지만 전체 에너지는 보존됩니다.

- 종류와 상관없이 모든 기체는 같은 온도에서 똑같은 평균 운동에너지를 갖습니다. 평균 운동에너지는 절대온도에 비례합니다.

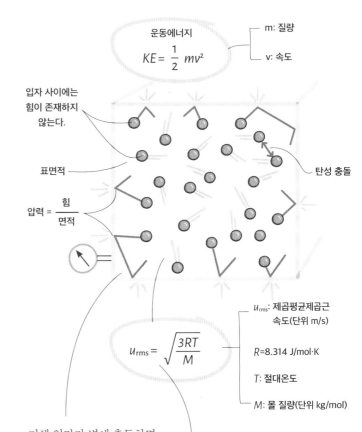

운동에너지

$$KE = \frac{1}{2}mv^2$$

m: 질량
v: 속도

입자 사이에는 힘이 존재하지 않는다.

표면적

$$압력 = \frac{힘}{면적}$$

탄성 충돌

$$u_{rms} = \sqrt{\frac{3RT}{M}}$$

u_{rms}: 제곱평균제곱근속도(단위 m/s)

$R = 8.314$ J/mol·K

T: 절대온도

M: 몰 질량(단위 kg/mol)

기체 입자가 벽에 충돌하면 **압력**이 생깁니다. 압력은 용기 벽의 단위 면적에 기체 입자가 가하는 힘의 총합입니다. 압력은 용기의 벽 한쪽에 압력계를 연결해 쉽게 측정할 수 있습니다.

용기에 든 기체 분자의 평균 **속도**는 **제곱평균제곱근속도**로 나타냅니다. 속도를 구할 때는 기체 분자가 얼마나 빨리 움직이는지를 알려주는 두 가지 주요 요소인 온도와 분자량을 이용합니다. 따라서 속도는 절대온도에 정비례하고 분자량에 반비례한다는 사실을 알 수 있습니다.

기체 법칙

온도(T), 압력(P), 부피(V), 몰 수(n)와 같은 조건이 다양할 때 기체의 작용을 설명할 수 있는 법칙이 몇 가지 있습니다. 이 네 가지 성질은 서로 관련이 있으므로 어느 한 조건이 바뀌면 다른 조건 역시 영향을 받습니다. 이 중 두 조건을 그대로 둔 채 나머지 두 조건의 관계만 설명하는 단순한 기체 법칙을 모두 합해서 **이상기체 법칙**이라고 부릅니다.

보일의 법칙

보일의 법칙은 부피와 압력의 관계를 나타냅니다. 기체의 양과 온도는 상수입니다.

기체 분자 운동론에 따르면 기체 입자의 크기는 입자 사이의 거리와 비교해 무시할 수 있을 정도로 작습니다. 따라서 동일한 온도에서 일정량의 기체를 더 작은 용기에 넣으면, 입자는 서로 가까워집니다. 그러면 입자와 입자, 입자와 벽 사이의 충돌 빈도가 늘어나 압력이 증가합니다.

보일의 법칙은 압력과 부피가 반비례한다는 사실을 보여줍니다. 하나가 올라가면, 다른 하나는 내려갑니다.

비행기를 탈 때 귀가 먹먹해지는 것은 보일의 법칙 때문입니다. 높은 고도에서는 해수면에 있을 때보다 기압이 훨씬 더 낮습니다. 낮은 기압으로 인해 귀 안에 있는 공기의 부피가 증가하면 고막이 바깥쪽으로 밀려납니다. 승객의 불편을 최소화하기 위해 비행기 내부의 공기는 기압을 높인 상태입니다.

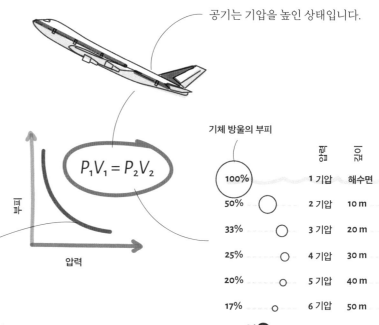

$$P_1V_1 = P_2V_2$$

기체 방울의 부피

	압력	고도
100%	1 기압	해수면
50%	2 기압	10 m
33%	3 기압	20 m
25%	4 기압	30 m
20%	5 기압	40 m
17%	6 기압	50 m

보일의 법칙은 여러 분야에서 응용됩니다. 예를 들어, 잠수부는 물속으로 잠수하거나 올라올 때 신중해야 합니다. 잠수할 때는 몸을 짓누르는 대량의 물 때문에 높은 압력을 받습니다. 이 높은 압력은 잠수부의 폐 안에 있는 공기의 부피가 줄어들게 합니다. 수면으로 올라올 때는 정반대의 일이 벌어집니다. 잠수부의 몸 안에 있는 공기의 부피 변화는 치명적일 수 있습니다. 잠수할 때 규칙을 따르고 특수 장비를 사용해야 하는 이유입니다.

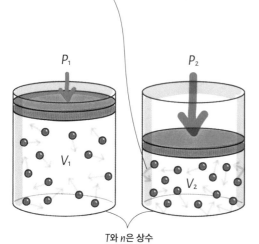

P_1 V_1 P_2 V_2

T와 n은 상수

샤를의 법칙

샤를의 법칙은 기체의 온도와 부피 사이의 관계를 나타냅니다. 압력과 양(몰수)은 일정합니다. 온도가 올라가면 기체 입자의 평균 운동에너지도 커집니다. 분자의 속도가 빨라지므로 압력을 일정하게 유지하기 위해서는 기체의 부피 역시 커져야 합니다.

샤를의 법칙에 따르면 기체의 양과 압력이 일정할 때 온도와 부피는 정비례합니다.

온도가 계속 낮아지면 부피가 작아지다가 결국에는 0이 됩니다. 이 이론적인 한계를 **절대영도**라고 부르며, 0K로 나타냅니다.

뜨거운 풍선이 공중에 뜰 수 있는 건 내부의 공기를 데워 부피를 키우고 밀도를 낮추기 때문입니다.

$$\frac{V_1}{T_1} = \frac{V_2}{T_2}$$

부피

온도(K)

절대영도 = -273.15°C = 0K

V_1, T_1

V_2, T_2

얼음물 속의 풍선

끓는물 속의 풍선

He

$$\frac{V_1}{n_1} = \frac{V_2}{n_2}$$

부피

몰수

아보가드로의 법칙

아보가드로의 법칙에 따르면 기체의 온도와 압력이 일정할 때 부피는 몰수에 정비례합니다. 풍선을 불어보면 알 수 있습니다. 풍선 안에 기체가 더 많아지면 크기는 더 커집니다.

아보가드로의 법칙에서 나오는 중요한 결과 하나는 종류와 상관없이 기체 1몰은 표준 온도와 압력(0°C/1기압)에서 22.4L의 부피를 차지한다는 사실입니다.

헬륨 1몰	암모니아 1몰	산소 1몰
$V = 22.4$ L	$V = 22.4$ L	$V = 22.4$ L
$P = 1$ 기압	$P = 1$ 기압	$P = 1$ 기압
$T = 273.15$ K	$T = 273.15$ K	$T = 273.15$ K

게이뤼삭의 법칙

게이뤼삭의 법칙에 따르면, 부피와 기체의 몰수가 같을 때 일정한 부피의 기체 압력은 절대온도와 정비례합니다.

압력솥으로 요리를 하면 더 빨리 익습니다. 부피가 일정한 솥 안의 증기가 대기압에 노출된 일반 증기보다 훨씬 더 뜨겁기 때문입니다.

하지만 온도가 높아지면 압력이 크게 오르기 때문에 압력솥을 사용할 때는 주의해야 합니다. 안전밸브는 일부 증기가 빠져나가게 해 압력이 너무 높아지는 일을 방지합니다.

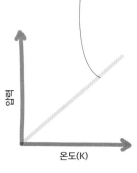

온도(K)

$$\frac{P_1}{T_1} = \frac{P_2}{T_2}$$

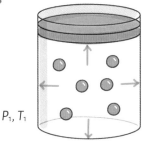

P_1, T_1

P_2, T_2

이상기체 법칙

이 네 가지 기체 법칙을 하나로 묶어 **이상기체 법칙**이라고 합니다. 이상기체 법칙은 기체의 성질 사이의 모든 관계를 나타냅니다.

$$P_1 V_1 = P_2 V_2$$

$$\frac{V_1}{n_1} = \frac{V_2}{n_2}$$

$$PV = nRT$$

$$\frac{V_1}{T_1} = \frac{V_2}{T_2}$$

$$\frac{P_1}{T_1} = \frac{P_2}{T_2}$$

온도(K)

압력

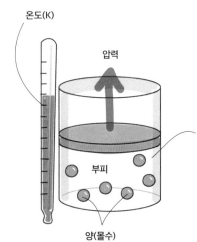

부피

양(몰수)

R은 항상 일정한 값을 갖는 일반기체상수입니다.

$$R = 0.08206 \ \frac{L \cdot atm}{mol \cdot K}$$

이상기체 법칙 방정식은 기체의 성질 하나가 변하면 다른 성질도 변한다는 사실을 보여줍니다. 압력과 온도, 부피, 몰수를 알면 기체의 상태를 완전히 알 수 있습니다. 따라서 이상기체 법칙 방정식을 **상태 방정식**이라고도 부릅니다.

보일-샤를의 법칙

보일-샤를의 법칙은 밀폐된 용기 안에 일정한 양의 기체가 있을 때 그 기체의 압력과 온도, 부피의 관계를 다룹니다. 따라서 환경 조건이 달라질 때 기체의 성질 변화에 관한 정보를 제공합니다.

기상관측용 풍선은 기압과 온도, 풍속과 같은 기상 데이터를 수집하는 데 쓰입니다. 풍선에는 공기보다 가벼운 헬륨이 들어 있고, 고도별 데이터를 측정하는 장치가 달려 있습니다. 고도에 따라 기온과 기압이 달라지면서 풍선도 크기가 변합니다.

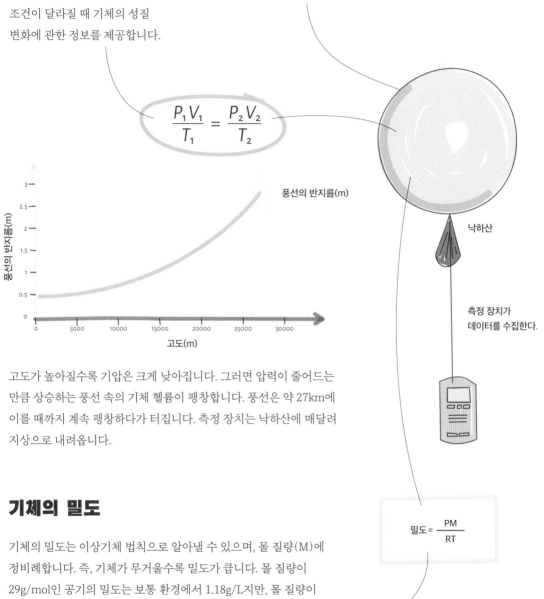

$$\frac{P_1 V_1}{T_1} = \frac{P_2 V_2}{T_2}$$

풍선의 반지름(m)

풍선의 반지름(m)

고도(m)

낙하산

측정 장치가 데이터를 수집한다.

고도가 높아질수록 기압은 크게 낮아집니다. 그러면 압력이 줄어드는 만큼 상승하는 풍선 속의 기체 헬륨이 팽창합니다. 풍선은 약 27km에 이를 때까지 계속 팽창하다가 터집니다. 측정 장치는 낙하산에 매달려 지상으로 내려옵니다.

기체의 밀도

$$\text{밀도} = \frac{PM}{RT}$$

기체의 밀도는 이상기체 법칙으로 알아낼 수 있으며, 몰 질량(M)에 정비례합니다. 즉, 기체가 무거울수록 밀도가 큽니다. 몰 질량이 29g/mol인 공기의 밀도는 보통 환경에서 1.18g/L지만, 몰 질량이 4g/mol인 헬륨의 밀도는 0.164g/L입니다. 이 밀도 차이는 헬륨이 들어 있는 풍선이 측정 장치를 매달고 상승할 수 있는 이유입니다. 풍선의 크기는 매다는 장치의 무게에 따라 달라집니다.

혼합 기체

우리가 일상에서 접하는 많은 기체는 순수하지 않습니다. 예를 들어, 공기는 산소와 질소, 이산화탄소, 아르곤, 미량의 다른 기체가 혼합된 것입니다. 혼합 기체의 각 성분은 독립적으로 취급할 수 있습니다. 기체 분자 운동론에 따르면 입자의 크기가 무시할 수 있을 정도로 작고 다른 성분과 상호작용하지 않기 때문입니다. 그 결과 모든 기체 성분의 부피와 온도는 동일하지만, 각각의 압력은 몰 수에 따라 다를 수 있습니다.

돌턴의 법칙

혼합 기체에 포함된 한 성분의 압력을 **부분압력**이라고 부릅니다. 돌턴의 법칙에 따르면 혼합 기체의 압력은 모든 성분의 부분압력을 합한 것과 같습니다.

혼합 기체에 포함된 한 성분의 부분압력은 전체 압력에 **몰분율**(X)을 곱한 값과 같습니다. 몰분율은 혼합 기체 전체 몰수에 대한 한 성분의 몰수 비율입니다.

돌턴의 법칙은 일상에서 흔히 접할 수 있습니다. 예를 들어, 우리 주변의 공기는 항상 산소가 부피의 21%를 차지하는 혼합 기체입니다. 대기압이 1인 해수면에서는 산소의 부분압력이 0.2기압입니다. 그러나 산꼭대기에는 대기압이 낮습니다.

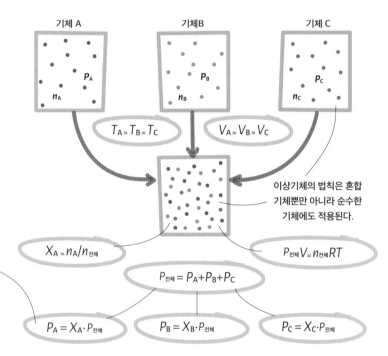

기체 A   기체 B   기체 C

P_A n_A P_B n_B P_C n_C

$$T_A = T_B = T_C \qquad V_A = V_B = V_C$$

이상기체의 법칙은 혼합 기체뿐만 아니라 순수한 기체에도 적용된다.

$$X_A = n_A / n_{전체}$$

$$P_{전체} V = n_{전체} RT$$

$$P_{전체} = P_A + P_B + P_C$$

$$P_A = X_A \cdot P_{전체} \qquad P_B = X_B \cdot P_{전체} \qquad P_C = X_C \cdot P_{전체}$$

이때 산소의 부분압력은 0.066기압까지 떨어질 수 있으며, 이는 편안하게 호흡하기에는 부족합니다. 그래서 높은 산에 오르면 **저산소증**으로 두통과 현기증, 숨 가쁨을 경험합니다.

에베레스트산 정상처럼 매우 높은 곳에서는 산소 농도가 매우 낮아서 의식을 잃거나 죽을 수도 있습니다. 정상에 도전하는 등산가가 대부분 산소통을 이용하는 이유입니다.

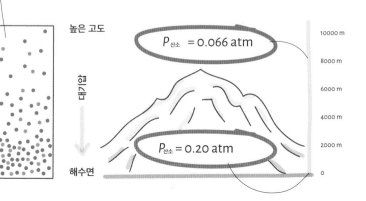

높은 고도

$$P_{산소} = 0.066 \text{ atm}$$

10000 m
8000 m
6000 m
4000 m
2000 m
0

고도

$$P_{산소} = 0.20 \text{ atm}$$

해수면

화학 반응

많은 화학 반응이 기체 상태에서 이루어지거나 적어도 하나의 기체 반응물 또는 생성물을 포함합니다.
화학 반응에 관여하는 기체의 양은 질량보다 부피로 측정하는 게 더 쉽습니다.
이상기체 법칙 방정식은 몰과 부피의 변환을 수학적으로 나타낼 수 있게 해줍니다.

기체 반응의 법칙

만약 화학 반응에 관여하는 모든 기체의 온도와 압력이 같다면, 화학량론 계수는 기체의 부피와 몰수를 나타냅니다. 이것을 **기체 반응의 법칙**이라고 합니다.

암모니아 생성 반응에서 1:3:2이라는 몰수의 비는 부피의 비이기도 합니다. 따라서 만약 기체 질소 1L와 기체 수소 3L가 결합하면, 기체 암모니아 2L가 생깁니다.

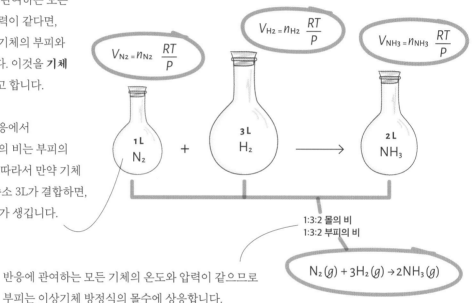

$$V_{N2} = n_{N2} \frac{RT}{P}$$

$$V_{H2} = n_{H2} \frac{RT}{P}$$

$$V_{NH3} = n_{NH3} \frac{RT}{P}$$

1 L
N_2

+

3 L
H_2

⟶

2 L
NH_3

1:3:2 몰의 비
1:3:2 부피의 비

$$N_2(g) + 3H_2(g) \rightarrow 2NH_3(g)$$

반응에 관여하는 모든 기체의 온도와 압력이 같으므로 부피는 이상기체 방정식의 몰수에 상응합니다.

물 위의 기체 수집하기

화학자들은 흔히 화학 반응을 일으켜 원하는 기체 생성물을 만듭니다. 예를 들어, 아연(Zn)은 염산(HCl)과 반응해 기체 수소(H_2)를 만듭니다. 화학 실험실에서 기체를 수집하기 위해 즐겨 쓰는 방법 중 하나는 배수량 기법입니다. 수증기와 기체 수소의 혼합 기체를 만드는 것이지요. 돌턴의 법칙을 적용하면 기체 수소의 몰수를 계산할 수 있습니다.

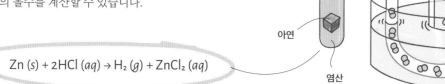

$$P_{전체} = P_{수소} + P_{산소}$$

산소
수소

아연

$$Zn(s) + 2HCl(aq) \rightarrow H_2(g) + ZnCl_2(aq)$$

염산

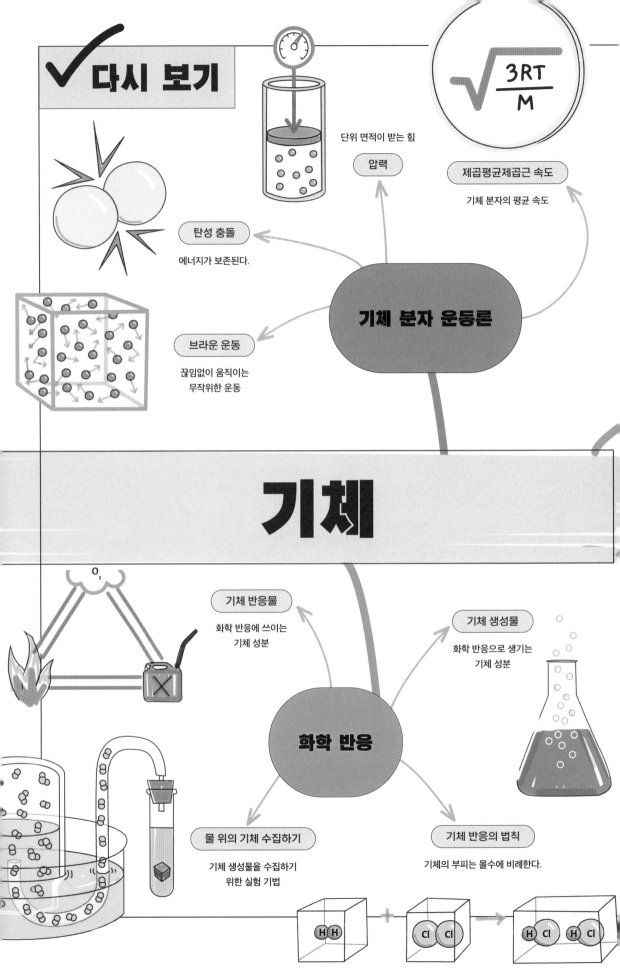

단위 면적이 받는 힘

압력

$$\sqrt{\dfrac{3RT}{M}}$$

제곱평균제곱근 속도

기체 분자의 평균 속도

탄성 충돌

에너지가 보존된다.

기체 분자 운동론

브라운 운동

끊임없이 움직이는
무작위한 운동

기체

기체 반응물

화학 반응에 쓰이는
기체 성분

기체 생성물

화학 반응으로 생기는
기체 성분

화학 반응

물 위의 기체 수집하기

기체 생성물을 수집하기
위한 실험 기법

기체 반응의 법칙

기체의 부피는 몰수에 비례한다.

O_2

H H + Cl Cl → H Cl H Cl

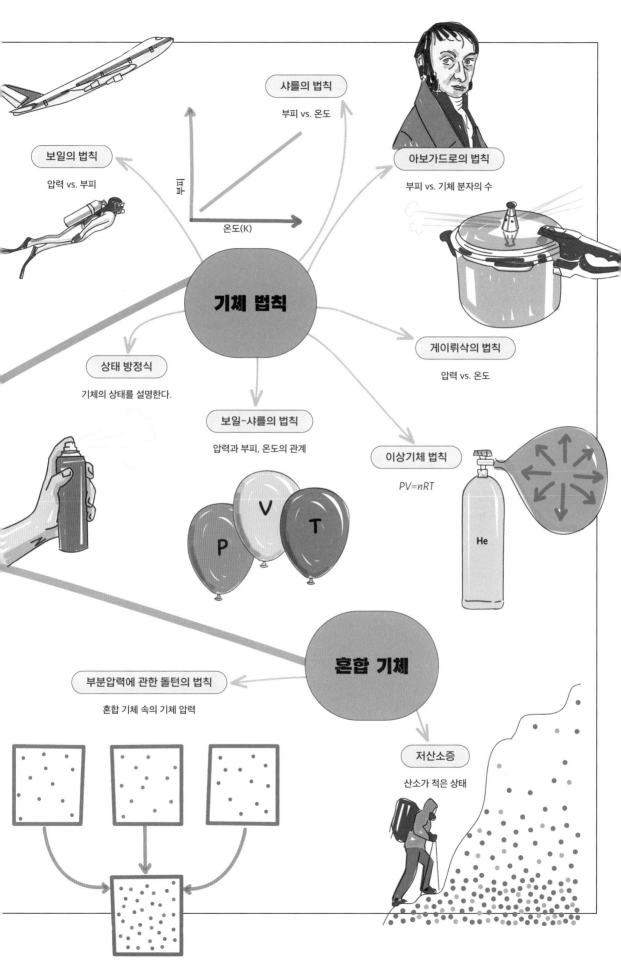

샤를의 법칙

부피 vs. 온도

보일의 법칙

압력 vs. 부피

아보가드로의 법칙

부피 vs. 기체 분자의 수

부피

온도(K)

기체 법칙

게이뤼삭의 법칙

압력 vs. 온도

상태 방정식

기체의 상태를 설명한다.

보일-샤를의 법칙

압력과 부피, 온도의 관계

이상기체 법칙

$PV=nRT$

P

V

T

He

혼합 기체

부분압력에 관한 돌턴의 법칙

혼합 기체 속의 기체 압력

저산소증

산소가 적은 상태

11장

화학 평형

화학 반응식을 쓰는 전통적인 방식에 따르면, 반응은 한
방향으로 일어나며 반응물 분자가 모두 소모될 때까지
반응물이 생성물로 바뀝니다. 그러나 실제로는 대부분의
반응이 거꾸로 일어날 수 있습니다. 반응물이 섞이면 반응이
정방향으로 일어나면서 생성물이 생깁니다. 하지만 생성물
분자도 섞여 있는 동안에는 역방향으로도 일어나 생성물
분자가 쪼개져 다시 반응물이 되기도 합니다.

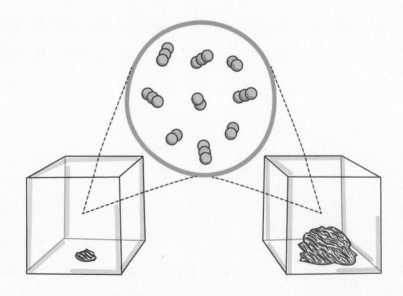

동적 평형

정반응과 역반응의 속도가 같으면, 반응은 **평형 상태**가 됩니다. 이때는 반응물과 생성물의 양에 변화가 생기지 않습니다. 그러나 이것이 반응이 끝났다는 뜻은 아닙니다. 정반응과 역반응은 계속 일어나고 있지만, 속도가 같을 뿐입니다. 이것을 **동적 평형**이라고 합니다.

동적 평형의 형성

만약 어떤 물통에 들어오는 물과 나가는 물의 양이 똑같다면 동적 평형을 이루고 있다고 할 수 있습니다. 들어오는 물은 '정반응'이고 나가는 물은 '역반응'을 나타냅니다.

들어오는 물=나가는 물

동적 평형

물의 총량은 그대로다.

사산화이질소(N_2O_4)의 분해 반응이 처음 시작될 때는 N_2O_4 분자만 있습니다. 하지만 반응이 시작되면서 이산화질소(NO_2)가 생겨납니다. 역반응보다 정반응의 속도가 빠를 때는 N_2O_4의 양이 줄어들고 NO_2의 농도는 커집니다.

반응이 일어나면서 N_2O_4의 농도는 작아지고 NO_2의 농도는 커진다.

동적 평형 상태일 때는 N_2O_4와 NO_2의 양에 변화가 생기지 않습니다. 정반응과 역반응의 속도가 같기 때문입니다. 화학 반응식에서 동적 평형을 나타낼 때는 양쪽 방향 화살표를 이용합니다.

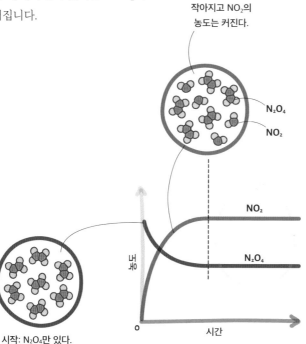

N_2O_4

NO_2

농도

NO_2

N_2O_4

0

시간

시작: N_2O_4만 있다.

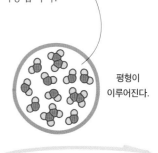

평형이 이루어진다.

$$N_2O_4\ (g) \rightleftharpoons 2NO_2\ (g)$$

평형 반응

평형상수

화학 반응에서 일단 평형이 이루어지면, 온도와 같은 반응 환경의 변화가 일어나지 않는 한 반응물과 생성물의 농도는 변하지 않습니다(물론 두 농도가 항상 같은 건 아닙니다). 평형 상태에 있는 반응물과 생성물의 상대적인 농도는 **평형상수(K)**라는 값으로 나타낼 수 있습니다.

질량 작용의 법칙

질량 작용의 법칙은 일정한 온도에서 평형 상태에 있는 가역적인 반응에서 생성물과 반응물의 비율이 항상 일정하다는 것입니다. 이 법칙은 평형상수(K)를 수학적으로 정의합니다.

일반적인 반응에서 평형상수는 반응물(A와 B)과 생성물(C와 D)의 몰농도에 화학량론 계수를 거듭제곱한 값의 비율로 나타냅니다. K는 단위가 없는 상수입니다.

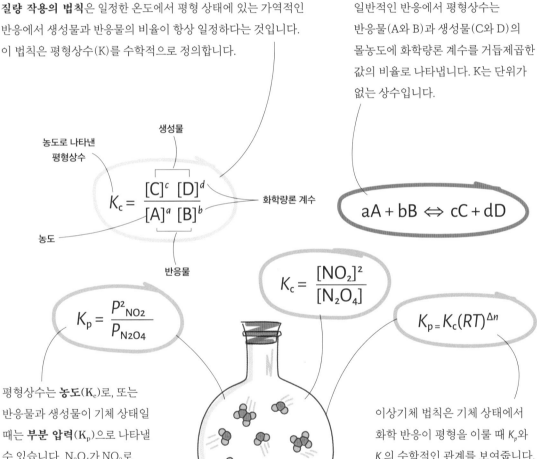

농도로 나타낸 평형상수

생성물

화학량론 계수

농도

반응물

$$K_c = \frac{[C]^c\,[D]^d}{[A]^a\,[B]^b}$$

$$aA + bB \Longleftrightarrow cC + dD$$

$$K_c = \frac{[NO_2]^2}{[N_2O_4]}$$

$$K_p = \frac{P^2_{NO2}}{P_{N2O4}}$$

$$K_p = K_c(RT)^{\Delta n}$$

평형상수는 **농도(K_c)**로, 또는 반응물과 생성물이 기체 상태일 때는 **부분 압력(K_p)**으로 나타낼 수 있습니다. N_2O_4가 NO_2로 분해되는 반응에서는 두 분자 모두 상온에서 기체 상태이므로 K_p를 쓸 수 있습니다.

이상기체 법칙은 기체 상태에서 화학 반응이 평형을 이룰 때 K_p와 K_c의 수학적인 관계를 보여줍니다. 이 방정식에서 R은 일반 기체상수이고, T는 절대온도이며, Δn은 기체 생성물과 반응물의 화학량론 계수를 합한 값의 차이입니다(N_2O_4 분해 반응에서는 Δn=1입니다).

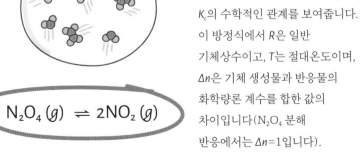

$$N_2O_4\ (g) \rightleftharpoons 2NO_2\ (g)$$

불균일 평형

불균일 반응에서 기체 또는 수용액 상태와 공존하는 순수한 액체와 고체는 K값에 포함되지 않습니다. 반응 안의 순수한 고체나 액체는 농도가 변하지 않으며, 따라서 평형상수에 나타나지 않습니다.

고체 탄소는 농도가 그대로이므로 K값에 나타나지 않습니다.

$$K_p = \frac{P_{CO}^2}{P_{CO_2}}$$

$$K_c = \frac{[CO]^2}{[CO_2]}$$

기체 이산화탄소(CO_2)는 고온에서 흑연(탄소, C)과 반응해 기체 일산화탄소(CO)를 만들 수 있습니다. CO_2와 기체 상태인 CO 사이의 평형은 반응 혼합물 안에 존재하는 한 고체 탄소의 양에 영향을 받지 않습니다.

CO_2

CO

흑연

1000 K

1000 K

$$CO_2\ (g) + C\ (s) \rightleftharpoons 2CO\ (g)$$

K의 중요성

K는 평형 상태에서 반응물에 대한 생성물의 비율을 알려줍니다. K값은 일련의 반응 조건하에서 얼마나 많은 생성물을 만들 수 있는지 알려준다고 할 수 있습니다.

K값이 크다는 것은 평형 상태에서 생성물의 농도가 반응물의 농도보다 더 크다는 뜻입니다. 따라서 평형 상태는 생성물 쪽으로 기웁니다.

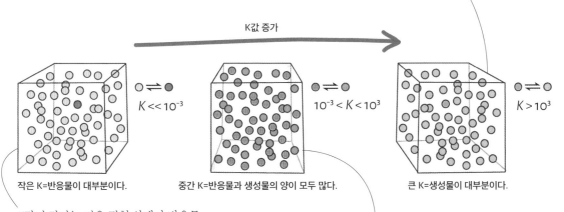

K값 증가

$K \ll 10^{-3}$

$10^{-3} < K < 10^3$

$K > 10^3$

작은 K=반응물이 대부분이다.

중간 K=반응물과 생성물의 양이 모두 많다.

큰 K=생성물이 대부분이다.

K값이 작다는 것은 평형 상태가 반응물 쪽으로 기운다는 뜻입니다. 이 반응으로는 고농도의 생성물을 만들지 못합니다.

K값이 중간이라는 것은 평형 상태에서 반응물과 생성물 모두 적당히 존재한다는 뜻입니다.

반응 지수

반응물만 있는 초기에는 화학 반응이 자연스럽게 정방향으로 이루어지며 생성물을 만들게 됩니다. 가역적인 반응의 경우에는 그 반대도 마찬가지입니다. 만약 처음에 생성물 분자가 있다면, 반응이 역방향으로 일어나 반응물이 생겨납니다. 평형 상태가 아니고 반응물과 생성물이 둘 다 존재한다면, 화학 반응의 진행 방향은 **반응 지수**에 따라 정해집니다.

K vs. Q

반응 지수는 K와 완전히 똑같은 방식으로 정의하지만, 반응이 평형 상태에 있어야 하는 건 아닙니다. Q 공식에 쓰이는 농도는 평형 상태의 농도와 같지 않습니다.

Q는 어느 순간에 반응이 평형 상태와 비교해 어디에 놓여 있는지를 알려줍니다. 아직 평형 상태에 도달하지 않았다면, Q와 K를 비교해 반응이 정방향으로 이루어질 것인지 역방향으로 이루어질 것인지 알 수 있습니다.

$Q>K$: 특정 조건에서 생성물이 평형 상태에 이르기 위해 필요한 양보다 많습니다. 따라서 평형 상태로 가기 위해 역방향으로 반응이 일어나 반응물이 생겨납니다.

$$A \, (g) \rightleftharpoons B \, (g)$$

$Q > K$

$Q = K$

$K_c = \dfrac{[B]eq}{[A]eq}$

$Q_c = \dfrac{[B]}{[A]}$

Q 또는 K

$Q < K$

농도, M

$Q<K$: 반응이 아직 평형 상태에 이르지 않았습니다. 평형 상태에 이르려면 생성물을 만드는 쪽으로 반응이 이루어져야 합니다.

$Q=K$: 반응물과 생성물의 농도가 평형 상태를 이루기 위해 필요한 값과 같습니다. 반응이 평형 상태에 있습니다.

평형 조건 바꾸기

반응 조건에 변화가 생기지 않는 한 화학 반응은 평형 상태를 유지합니다. 그러나 평형 상태에 있는 반응이
외부의 방해를 받는다면, 평형 상태가 바뀔 수 있습니다. 르샤틀리에의 원리에 따르면, 화학적 평형이 방해받으면
반응은 외부의 방해를 없애거나 최소화하는 쪽으로 이루어집니다.

농도 변화

화학적 평형 상태에서 일정한 온도의 반응물과 생성물을 첨가하거나 제거하면 평형은 깨집니다. 하지만 K의 값은 변하지 않습니다. 화학 반응을 할 때 순수한 고체나 액체의 농도는 변하지 않으므로 첨가하거나 제거해도 평형에 영향을 미치지 않습니다.

반응물의 양이 추가로 늘어나면 K값의 분모가 커집니다. K를 일정하게 유지하기 위해 그 즉시 반응이 오른쪽으로 이동해 새로운 평형 상태를 이룹니다.

새로운 평형 상태에서는 반응물과 생성물의 농도가 원래 평형 상태일 때와 다릅니다. 그러나 질량 작용의 법칙으로 인해 K값은 그대로입니다.

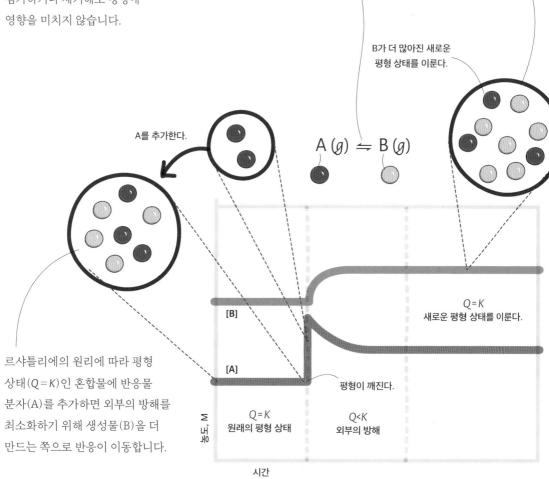

A를 추가한다.

$$A\,(g) \rightleftharpoons B\,(g)$$

B가 더 많아진 새로운 평형 상태를 이룬다.

$Q = K$
새로운 평형 상태를 이룬다.

[B]

[A]

평형이 깨진다.

르샤틀리에의 원리에 따라 평형 상태($Q=K$)인 혼합물에 반응물 분자(A)를 추가하면 외부의 방해를 최소화하기 위해 생성물(B)을 더 만드는 쪽으로 반응이 이동합니다.

농도 M

$Q = K$
원래의 평형 상태

$Q < K$
외부의 방해

시간

압력 또는 부피 변화

액체와 고체는 압축할 수 없으므로 압력과 부피의 변화는 기체의 평형 반응에만 영향을 끼칩니다. 압력과 부피는 서로 역의 관계가 있습니다. 하나가 증가하면 다른 하나는 감소한다는 뜻입니다.

기체 수소(H_2)와 기체 질소(N_2)는 서로 반응해 기체 암모니아(NH_3)를 만듭니다. 온도가 일정할 때 압력이 증가하면(부피가 감소하면) 평형 상태가 깨집니다.

$$N_2\,(g) + 3H_2\,(g) \Leftrightarrow 2NH_3\,(g)$$

반응이 오른쪽으로 움직인다.

$P_2 > P_1$
$V_2 < V_1$

압력이 증가하고, 부피가 감소한다.

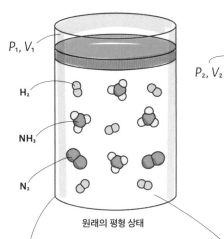

P_1, V_1

H_2

NH_3

N_2

원래의 평형 상태

P_2, V_2

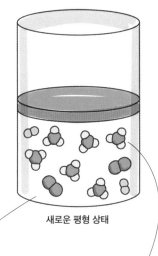

새로운 평형 상태

NH_3 분자가 더 많다.

$$K_p = \frac{P^2_{NH_3}}{P_{N_2}P^3_{H_2}}$$

반응물이 기체 상태이기 때문에 돌턴의 법칙이 적용됩니다(130쪽 참고). 그러므로 전체 압력이 커지면서 각 기체의 부분 압력은 화학량론 계수에 따라 증가합니다. 만약 반응물과 생성물의 화학량론 계수가 모두 똑같다면, 압력 또는 부피의 변화는 평형 상태에 영향을 주지 않습니다. 모든 부분 압력이 같은 정도로 달라지기 때문입니다. 그러나 수소와 질소의 경우에는 그렇지 않습니다. 따라서 평형 상태가 깨집니다.

외부의 압력이 증가하면 반응은 전체 압력을 줄여 평형 상태로 되돌아가려는 쪽으로 이루어집니다. 압력을 줄이기 위해 반응이 오른쪽으로 이동하면, 암모니아 농도가 더 높은 새로운 평형 상태에 도달합니다.

부분 압력이 변한다고 해도 온도가 일정한 한 K값은 변함이 없습니다.

온도 변화

때로는 반응물의 온도를 높여야 화학 반응이 일어나기도 합니다. 이런 반응을 **흡열**(열을 흡수함) 반응이라고 합니다. 반응이 시작되는 데 필요한 반응물이 열에너지인 셈이죠. **발열**(열을 내놓음) 반응은 생성물로 열에너지를 내놓습니다.

N_2O_4의 분해 반응은 흡열반응입니다. 반응이 평형 상태를 이루고 있을 때 온도를 올린다는 건 반응물 쪽에 외부의 방해물인 열을 첨가한다는 뜻입니다. 르샤틀리에의 원리에 따라 추가된 열을 소모하기 위해 반응은 생성물 쪽으로 이동해 더 많은 NO_2를 생성합니다.

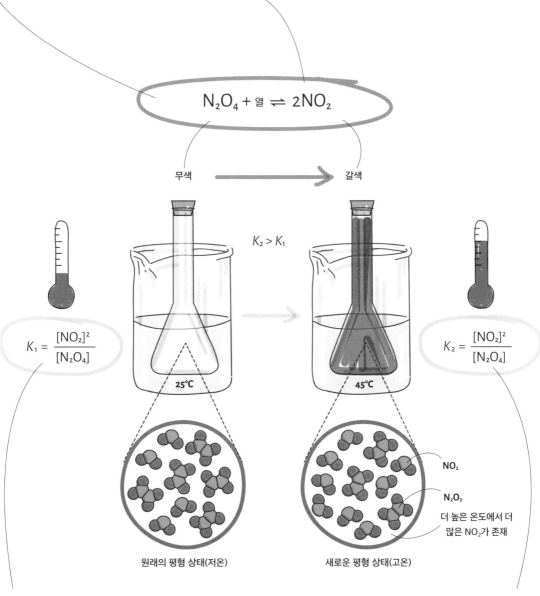

$$N_2O_4 + 열 \rightleftharpoons 2NO_2$$

무색   ⟶   갈색

$K_2 > K_1$

$$K_1 = \frac{[NO_2]^2}{[N_2O_4]}$$

$$K_2 = \frac{[NO_2]^2}{[N_2O_4]}$$

25°C   45°C

NO_2

N_2O_2

더 높은 온도에서 더 많은 NO_2가 존재

원래의 평형 상태(저온)   새로운 평형 상태(고온)

온도가 올라가면 화학적 평형은 흡열반응 쪽으로 이동합니다. 반대로 발열반응은 반응물 쪽으로 이동합니다. 따라서 평형을 이룬 N_2O_4의 분해 반응에서 열이 사라진다면, 반응은 새로운 평형을 이루기 위해 역방향으로 일어나 N_2O_4를 더 많이 생산합니다.

평형 계산

평형 상태를 유지하는 동안 반응물의 농도는 변하지 않습니다. 이를 이용해 다양한 수학 계산을 할 수 있습니다.
만약 어느 하나의 평형 농도를 알 수 있다면, 평형 온도에서 K의 값을 계산할 수 있습니다.
그리고 만약 K를 알고 있다면, 모든 화학종의 평형 농도를 알아낼 수 있습니다.

ICE 표

계산을 간단하게 하기 위해 처음 농도(I), 농도 변화(C), 평형
농도(E)를 나타내는 표를 그립니다. 이것을 ICE 표라고 합니다.
이 표의 E행은 K와 관련된 평형 계산에 필요한 정보가 담겨
있습니다. C행은 반응물의 농도 감소(-)와 생성물의 농도
증가(+)를 보여줍니다. 그리고 x는 화학량론 계수를 바탕으로
아직 모르고 있는 각 화학종의 농도 변화를 나타냅니다.

$N_2\,(g) + 3H_2\,(g) \rightleftharpoons 2NH_3\,(g)$

I	2	1	0
C			
E			

처음 농도를 표의 I행에 씁니다.

$N_2\,(g) + 3H_2\,(g) \rightleftharpoons 2NH_3\,(g)$

I	처음 농도(M)
C	농도 변화
E	평형 농도(M)

처음 농도를 표의 I행에 씁니다.
만약 어떤 반응물의 평형 농도를
알고 있다면, E행에 씁니다.

$N_2\,(g) + 3H_2\,(g) \rightleftharpoons 2NH_3\,(g)$

I	2	1	0
C			
E			0.5

평형 농도 찾기
K를 알고 있을 때 평형 농도를 찾는다.

K의 값을 찾기
평형 농도를 알고 있을 때 K를 구한다.

x로 나타낸 C행의 농도를 K를 구하는
공식에 대입합니다. K의 값을 알고
있으므로 x를 구할 수 있습니다. 따라서
평형 조건의 값을 알 수 있습니다.

$$N_2\,(g) + 3H_2\,(g) \rightleftharpoons 2NH_3\,(g)$$

I	2	1	0
C	-x	-3x	+2x
E			

모든 반응물의 농도 변화를 x와
화학량론 계수의 곱으로 C행에 씁니다.

$$N_2\,(g) + 3H_2\,(g) \rightleftharpoons 2NH_3\,(g)$$

I	2	1	0
C	-x	-3x	+2x
E	2-x	1-3x	2x

E행은 I행과 C행의 합으로,
평형 조건을 나타냅니다.

$$K = \frac{(2x)^2}{(2-x)(1-3x)^3}$$

반응의 화학량론을 이용해
나머지 표를 완성합니다.

$$K = \frac{(0.5)^2}{(1.75)(0.25)^3}$$

$$N_2\,(g) + 3H_2\,(g) \rightleftharpoons 2NH_3\,(g)$$

I	2	1	0
C	-0.25	-0.75	0.25
E	1.75	0.25	0.5

E행의 농도 값을 K를 구하는 공식에 넣어
반응 온도에서의 K 값을 구할 수 있습니다.

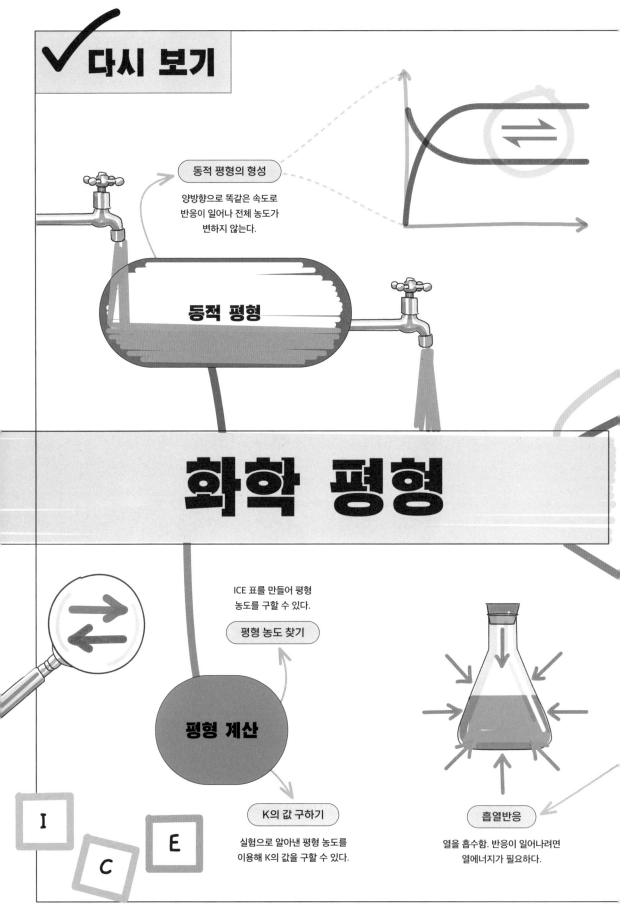

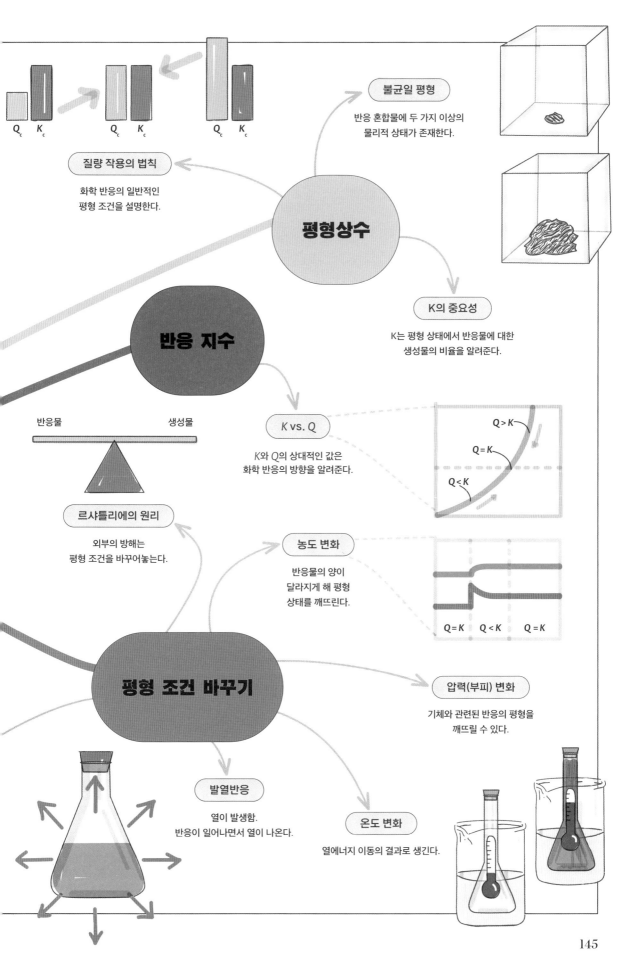

Q_c K_c Q_c K_c Q_c K_c

불균일 평형

반응 혼합물에 두 가지 이상의
물리적 상태가 존재한다.

질량 작용의 법칙

화학 반응의 일반적인
평형 조건을 설명한다.

평형상수

K의 중요성

K는 평형 상태에서 반응물에 대한
생성물의 비율을 알려준다.

반응 지수

반응물   생성물

K vs. Q

K와 Q의 상대적인 값은
화학 반응의 방향을 알려준다.

$Q > K$

$Q = K$

$Q < K$

르샤틀리에의 원리

외부의 방해는
평형 조건을 바꾸어놓는다.

농도 변화

반응물의 양이
달라지게 해 평형
상태를 깨뜨린다.

$Q = K$ $Q < K$ $Q = K$

평형 조건 바꾸기

압력(부피) 변화

기체와 관련된 반응의 평형을
깨뜨릴 수 있다.

발열반응

열이 발생함.
반응이 일어나면서 열이 나온다.

온도 변화

열에너지 이동의 결과로 생긴다.

12장

산과 염기

산과 염기는 화학에서 중요하게 다루는 물질의 특징을
설명하는 데 쓰이는 용어입니다. 산acid은 '시다'는 뜻의
라틴어 단어 acere에서, 염기base는 '알칼리'를 뜻하는
아랍어 alqali에서 나왔습니다. 산과 염기는 일상에서도
폭넓게 쓰입니다. 우리가 먹는 음식을 소화하거나 여러
가지 약이 효과를 발휘하거나 우리가 즐기는 다양한
음식과 음료수가 독특한 맛과 향을 내거나 청소용품이
제 기능을 발휘하는 데 중요한 역할을 합니다.

산과 염기의 정의

어떤 물질의 산성 또는 염기성은 물에 섞였을 때 가장 흔히 관찰할 수 있습니다. 물과 섞이면 수소 이온(H^+)과
수산화 이온(OH^-)의 균형이 달라집니다. 수용액의 수소 이온 농도를 높이는 물질은 **산성**이고, 수산화 이온 농도를
높이는 물질은 **염기성**입니다. **양쪽성 물질**은 둘 다 가능해 주변 환경에 따라 산 또는 염기로 작용합니다.

물의 자동이온화

물은 이온화해 **히드로늄**(H_3O^+)과 수산화 이온을 만듭니다. 물 분자 하나가 다른 물 분자, 수소 이온과 충돌할 때
이런 일이 벌어집니다. 상온에서 이온화 반응은 드물게 일어나기 때문에 물 분자는 대부분 원래 상태를 유지합니다.
물의 자동이온화 반응물과 생성물은 평형 상태를 이룹니다.

상온에서 물속의 히드로늄과 수산화 이온 농도는 매우 낮습니다(1.0×10^{-7}M 수준). 따라서 평형상수(K_w)의 값은
1.0×10^{-14}입니다. K_w가 매우 작기 때문에 자동이온화 반응의 평형은 물 분자가 있는 왼쪽 끝에 있습니다.

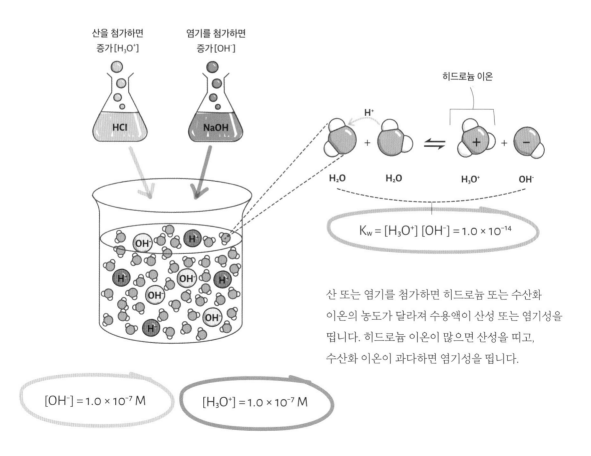

산을 첨가하면
증가$[H_3O^+]$

염기를 첨가하면
증가$[OH^-]$

HCl

NaOH

히드로늄 이온

H^+

H_2O　　H_2O　　H_3O^+　　OH^-

$$K_w = [H_3O^+]\,[OH^-] = 1.0 \times 10^{-14}$$

산 또는 염기를 첨가하면 히드로늄 또는 수산화
이온의 농도가 달라져 수용액이 산성 또는 염기성을
띱니다. 히드로늄 이온이 많으면 산성을 띠고,
수산화 이온이 과다하면 염기성을 띱니다.

$[OH^-] = 1.0 \times 10^{-7}$ M　　　$[H_3O^+] = 1.0 \times 10^{-7}$ M

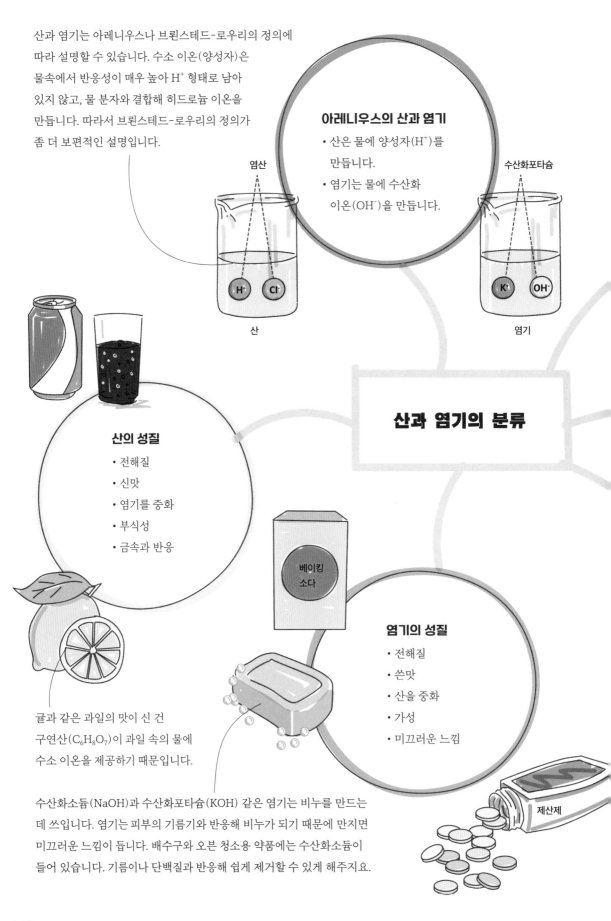

산과 염기는 아레니우스나 브뢴스테드-로우리의 정의에 따라 설명할 수 있습니다. 수소 이온(양성자)은 물속에서 반응성이 매우 높아 H^+ 형태로 남아 있지 않고, 물 분자와 결합해 히드로늄 이온을 만듭니다. 따라서 브뢴스테드-로우리의 정의가 좀 더 보편적인 설명입니다.

염산

수산화포타슘

아레니우스의 산과 염기

• 산은 물에 양성자(H^+)를 만듭니다.
• 염기는 물에 수산화 이온(OH^-)을 만듭니다.

H^+ Cl^-

산

K^+ OH^-

염기

산과 염기의 분류

산의 성질

• 전해질
• 신맛
• 염기를 중화
• 부식성
• 금속과 반응

베이킹 소다

염기의 성질

• 전해질
• 쓴맛
• 산을 중화
• 가성
• 미끄러운 느낌

귤과 같은 과일의 맛이 신 건 구연산($C_6H_8O_7$)이 과일 속의 물에 수소 이온을 제공하기 때문입니다.

제산제

수산화소듐(NaOH)과 수산화포타슘(KOH) 같은 염기는 비누를 만드는 데 쓰입니다. 염기는 피부의 기름기와 반응해 비누가 되기 때문에 만지면 미끄러운 느낌이 듭니다. 배수구와 오븐 청소용 약품에는 수산화소듐이 들어 있습니다. 기름이나 단백질과 반응해 쉽게 제거할 수 있게 해주지요.

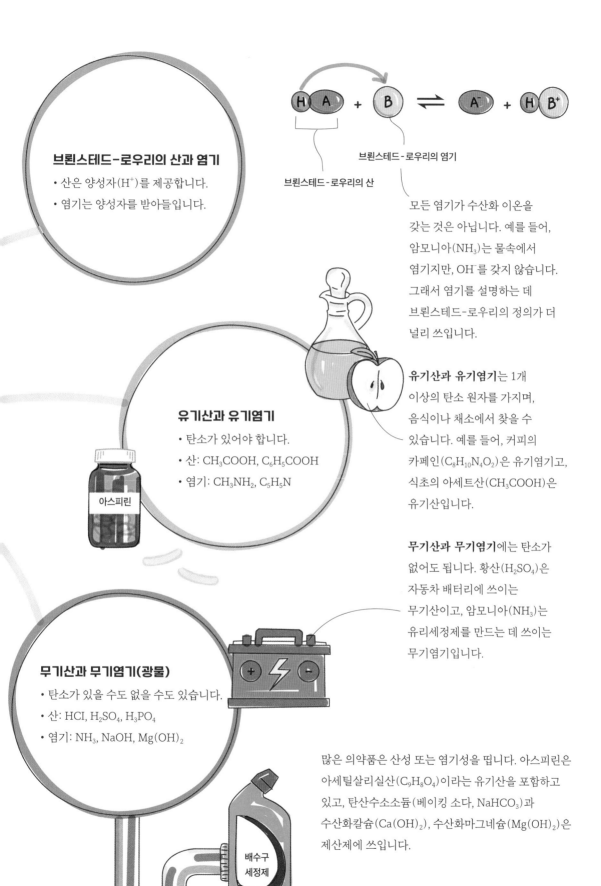

브뢴스테드-로우리의 산과 염기

- 산은 양성자(H^+)를 제공합니다.
- 염기는 양성자를 받아들입니다.

브뢴스테드-로우리의 산

브뢴스테드-로우리의 염기

모든 염기가 수산화 이온을 갖는 것은 아닙니다. 예를 들어, 암모니아(NH_3)는 물속에서 염기지만, OH^-를 갖지 않습니다. 그래서 염기를 설명하는 데 브뢴스테드-로우리의 정의가 더 널리 쓰입니다.

유기산과 유기염기는 1개 이상의 탄소 원자를 가지며, 음식이나 채소에서 찾을 수 있습니다. 예를 들어, 커피의 카페인($C_8H_{10}N_4O_2$)은 유기염기고, 식초의 아세트산(CH_3COOH)은 유기산입니다.

유기산과 유기염기

- 탄소가 있어야 합니다.
- 산: CH_3COOH, C_6H_5COOH
- 염기: CH_3NH_2, C_5H_5N

아스피린

무기산과 무기염기에는 탄소가 없어도 됩니다. 황산(H_2SO_4)은 자동차 배터리에 쓰이는 무기산이고, 암모니아(NH_3)는 유리세정제를 만드는 데 쓰이는 무기염기입니다.

무기산과 무기염기(광물)

- 탄소가 있을 수도 없을 수도 있습니다.
- 산: HCl, H_2SO_4, H_3PO_4
- 염기: NH_3, $NaOH$, $Mg(OH)_2$

배수구 세정제

많은 의약품은 산성 또는 염기성을 띱니다. 아스피린은 아세틸살리실산($C_9H_8O_4$)이라는 유기산을 포함하고 있고, 탄산수소소듐(베이킹 소다, $NaHCO_3$)과 수산화칼슘($Ca(OH)_2$), 수산화마그네슘($Mg(OH)_2$)은 제산제에 쓰입니다.

pH 척도

산-염기 수용액의 산성도 또는 염기성도는 각각 pH(Power of Hydrogen)와 pOH(Power of Hydroxide)로 나타낼 수 있습니다. 이 둘 다 로그 척도로 각각 히드로늄 이온과 수산화 이온의 농도를 나타냅니다.

pH와 pOH

pH는 히드로늄 이온의 몰농도의 로그값에 음수 부호를 붙인 것입니다. 수용액의 pH는 0에서 14 사이의 값이 될 수 있습니다. 용액의 산성도를 수치로 간편하게 나타낼 수 있지요.

pOH은 수산화 이온의 몰농도의 로그값에 음수 부호를 붙인 것입니다. 수용액의 염기성도를 양적으로 나타낼 수 있습니다. pH와 마찬가지로 범위는 0~14입니다.

수용액은 pH(또는 pOH)에 따라 산성, 염기성, 중성으로 나뉩니다. 순수한 물은 pH와 pOH가 7로, 중성입니다. 물에 산성 물질을 섞으면 히드로늄 이온이 늘어나 pH가 7 아래로 떨어집니다. 반대로 염기성 물질이 들어오면 수산화 이온 농도가 커져 pH가 7보다 커집니다.

중성	산성	염기성
pH = 7	pH < 7	pH > 7
pOH = 7	pOH > 7	pOH < 7

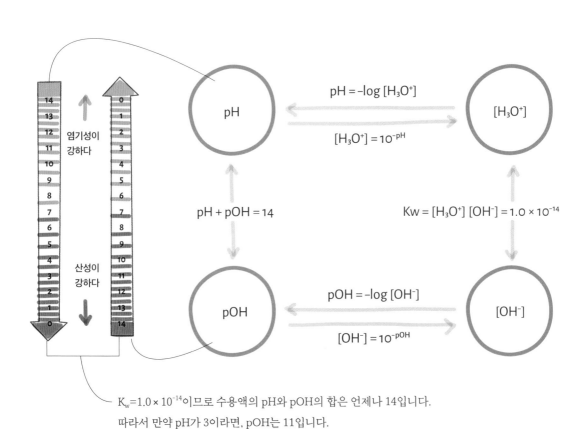

$$pH = -\log [H_3O^+]$$
$$[H_3O^+] = 10^{-pH}$$

$$pH + pOH = 14$$

$$Kw = [H_3O^+][OH^-] = 1.0 \times 10^{-14}$$

$$pOH = -\log [OH^-]$$
$$[OH^-] = 10^{-pOH}$$

염기성이 강하다

산성이 강하다

$K_w = 1.0 \times 10^{-14}$이므로 수용액의 pH와 pOH의 합은 언제나 14입니다. 따라서 만약 pH가 3이라면, pOH는 11입니다.

일상 속의 산성과 염기성

우리가 매일같이 이용하는 음식과 음료, 의약품, 생활용품은 산성 또는 염기성입니다. 양성자를 제공하거나 받아들이는 성질이 아니었다면 이런 산과 염기는 우리에게 필요한 기능을 제공하지 못했을 겁니다. 예를 들어, 제산제는 위액의 과도한 양성자를 제거할 수 있어 위산 역류 증상을 완화하는 효과가 있습니다.

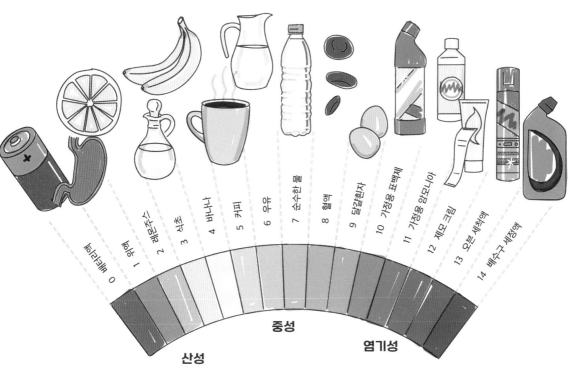

0 배터리액
1 위산
2 레몬주스
3 식초
4 바나나
5 커피
6 우유
7 순수한 물
8 혈액
9 달걀흰자
10 가정용 표백제
11 가정용 암모니아
12 제모 크림
13 오븐 세정액
14 배수구 세정액

산성 중성 염기성

인체의 여러 부위는 제각기 pH가 다릅니다. 예를 들어, 위액은 pH가 낮고 부식성이 대단히 큽니다. 하지만 위액이 없다면 우리는 음식을 소화할 수 없습니다. 각각의 장기는 특정한 pH를 유지해야 하며, 그러기 위해서는 영양을 균형 있게 섭취해야 합니다. 산성도나 염기성도가 너무 높은 음식물을 자주 섭취하는 건 건강에 해로울 수 있습니다.

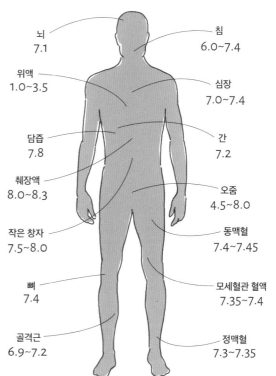

뇌
7.1

침
6.0~7.4

위액
1.0~3.5

심장
7.0~7.4

담즙
7.8

간
7.2

췌장액
8.0~8.3

오줌
4.5~8.0

작은 창자
7.5~8.0

동맥혈
7.4~7.45

뼈
7.4

모세혈관 혈액
7.35~7.4

골격근
6.9~7.2

정맥혈
7.3~7.35

산 강도와 염기성 강도

$$HA\ (aq) + H_2O\ (l) \rightarrow H_3O^+\ (aq) + A^-\ (aq)$$

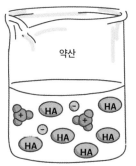

$$K_a = \frac{[H_3O^+]\,[A^-]}{[HA]} \ll 1$$

$$HA\ (aq) + H_2O\ (l) \rightleftharpoons H_3O^+\ (aq) + A^-\ (aq)$$

어떤 산과 염기는 물에서 완전히 이온화되어 강한 전해질 용액을 만듭니다. 이런 물질을 **강산**과 **강염기**라고 부릅니다. 염산(HCl)은 강산으로, 양성자를 모두 물에 제공하고 완전히 이온화됩니다. 염산은 위액에 있으며, 강한 산성도 덕분에 음식을 아주 쉽게 분해할 수 있습니다.

약산과 **약염기**는 물에서 눈에 띌 정도로 이온화되지 않고 거의 그대로 남아 약한 전해질 용액을 만듭니다. 물과 평형 상태를 이루지만, 평형상수가 작아 평형이 거의 왼쪽 끝에서 이루어집니다. 식초의 아세트산(CH_3COOH)은 약산으로 양성자를 많이 내놓지 않습니다. 이는 곧 물에 녹아도 CH_3COOH의 형태를 유지한다는 뜻입니다. 그래서 식초를 샐러드드레싱으로 쓸 수 있습니다.

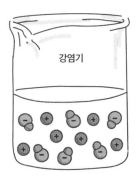

$$BOH\ (aq) \rightarrow B^+\ (aq) + OH^-\ (aq)$$

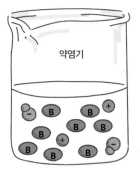

$$K_b = \frac{[BH^+]\,[OH^-]}{[B]} \ll 1$$

$$B\ (aq) + H_2O\ (l) \rightleftharpoons BH^+\ (aq) + OH^-\ (aq)$$

수산화소듐(NaOH)은 물에서 소듐 이온과 수산화 이온을 모두 내놓으며 완전히 이온화하는 강염기입니다. 고농도의 수산화 이온은 수산화소듐이 강한 부식성을 띠게 해 생체 물질을 분해할 수 있습니다. 그래서 흔히 막힌 배수구를 뚫는 데 쓰입니다.

암모니아(NH_3)는 물에서 양성자를 많이 받아들이지 못하는 약염기입니다. 따라서 용액에는 적은 수의 수산화 이온만이 생깁니다. 덕분에 암모니아는 강염기처럼 부식성이 크지 않아 가정에서 안전하게 청소용으로 쓸 수 있습니다.

산염기 지시약

산염기 지시약 또는 **pH 지시약**이라고 하는 몇몇 복잡한 유기분자는 pH 변화에 민감합니다. 이런 화합물 자체는 이온화가 잘 안되는 약산성이거나 약염기성입니다. 그런데 용액 상태에 있을 때 양성자가 달라붙으면 뚜렷한 색을 띱니다. 반대로 양성자가 떨어져 나가면 색이 변합니다. 따라서 pH에 따라 다른 색을 띨 수 있습니다. 이런 지시약은 재빨리 pH를 확인하는 데 매우 유용하므로 여러 분야에 쓰입니다. 자연에는 이런 지시 분자가 다양하게 존재합니다.

pH 지시약은 인공적으로 만들 수 있고, 자연에도 존재합니다. 안토시아닌은 자주색 양배추에 있는 분자로, 다양한 pH 값에 반응해 색이 바뀝니다.

안토시아닌은 수국에도 있습니다. 수국은 산성 토양에서 자라면 파란색이 되고, 염기성 토양에서 자라면 분홍이나 자주색이 됩니다.

산성 토양

염기성 토양

— 강산

— 중성

— 염기성

자연에는 먹을 수 있는 pH 지시약도 많습니다. 자연에 존재하는 각각의 분자는 pH 변화를 다양한 색으로 나타냅니다.

비트 뿌리

복숭아 껍질

토마토

인공 분자와 천연 분자로 pH 지시약을 상업적으로 생산할 수 있습니다. 가장 흔히 쓰이는 지시약은 **만능 산염기 지시약**입니다. 여러 가지 분자를 섞어 만든 이 지시약은 pH의 범위 전체를 서로 다른 색으로 나타냅니다.

pH 검사지도 수영장처럼 다양한 환경에서 산성도를 신속하게 확인할 때 유용한 도구입니다. 만능 지시약을 종이에 흡수시켜 만듭니다.

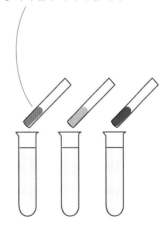

중화반응

산과 염기는 성질이 서로 반대입니다. 특히 수소 이온에 대한 친화력이 그렇기 때문에 서로 반응해
물과 이온화합물 또는 염을 만듭니다. 산의 수소 이온과 염기의 수산화 이온은 서로 반응해 물이 됩니다.
산과 염기의 상호작용을 중화반응이라고 부릅니다. 일상에서도 **중화반응**을 활용하는 사례를 많이 찾을 수 있습니다.

중화

산은 염기성을 중화합니다. 어떤 산과
염기가 중화반응을 일으켰는지에 따라
생겨나는 이온화합물은 달라집니다.
예를 들어, 수산화소듐(NaOH)과
염산(HCl)이 반응하면,
염화소듐(NaCl)과 물(H_2O)이 생깁니다.

개미와 벌은 물거나 쏘면서 산성인
포름산을 분비합니다. 염기성인
탄산수소소듐($NaHCO_3$)을 이용하면
중화할 수 있습니다. 그러나 말벌의
독에는 염기성 물질이 있어서 보통
아세트산이 있는 식초를 사용해
중화합니다.

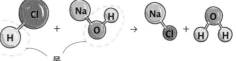

위액에는 음식을 분해해 소화를 돕는 강력한 산인 염산(HCl)이
들어 있습니다. 하지만 산이 과도하면 소화불량에 걸립니다. 그럴
경우 탄산수소소듐($NaHCO_3$)이나 수산화마그네슘($Mg(OH)_2$),
탄산칼슘($CaCO_3$)과 같은 염기성 물질로 이루어진 제산제를 쓸 수 있습니다.

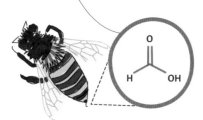

$$2HCl \ (aq) + Mg(OH)_2 \ (aq) \rightarrow 2H_2O \ (l) + MgCl_2 \ (aq)$$

$$HCOOH \ (aq) + NaHCO_3 \ (aq) \rightarrow NaCOOH \ (aq) + H_2O \ (l) + CO_2 \ (g)$$

산성비

이산화황(SO_2)과 일산화질소(NO),
이산화질소(NO_2), 이산화탄소(CO_2)
같은 비금속 산화물은 물과 섞이면 산성
용액이 됩니다. 이들은 **산성 산화물**이라고
불리며, 공장과 자동차, 화산에서 나오는
오염된 공기 속에 있습니다.

이산화탄소(CO_2)는 빗물과 결합해 약한
탄산(H_2CO_3) 용액이 됩니다. 그래서 보통
빗물은 pH가 약 5.6인 약산성입니다.

순수한 빗방울
pH = 7

H_2O

질산과 아질산
$N_2 + O_2 \rightarrow 2NO$
$2NO + O2 \rightarrow 2NO_2$

아황산
pH < 6

$S + O_2 \rightarrow SO_2$

탄산
pH < 7
CO_2

H_2CO_3

H_2SO_3

HNO_3
HNO_2

$SO_2 + O_2 \rightarrow SO_3$

황산
pH < 5

오염
SO_2 NO_x

H_2SO_4

오염
NO_x

산성비

오염된 대기에는 SO_2와 NO, NO_2
같은 기체가 있습니다. 이런 기체가
빗물에 녹으면 pH가 6 아래로
떨어져 강한 산성 용액이 될 수
있습니다. 이런 현상을 산성비라고
합니다. 북미 지역 빗물의 pH는
4.2까지 떨어지기도 합니다.

산성비는 경제와 건강, 환경에 커다란 피해를 끼치며 토양과 물을 산성화해 수중 생물을
위협합니다. 산성비로 인한 산성화를 중화하기 위해 매년 전 세계에서 수백만 톤의 석회(CaO)를
토양과 호수, 강에 뿌리고 있습니다. 석회는 물과 반응해 수산화칼슘($Ca(OH)_2$)이 됩니다.
염기성인 수산화칼슘은 토양과 물속의 산성 물질을 중화합니다.

산-염기 적정

중화반응은 흔히 표본 안의 산 또는 염기 농도를 알아내기 위한
정량적인 화학 분석을 수행하는 데 쓰이기도 합니다. 이런 과정은
산-염기 적정이라고 부릅니다.

예를 들어, 플라스크에 산성 물질을 넣고 pH 지시약 몇 방울을
떨어뜨립니다. 그다음 농도를 알고 있는 적당한 염기성 용액을
뷰렛으로 천천히 플라스크에 넣습니다. 때로는 디지털 pH 측정기로
플라스크 안의 pH 변화를 확인하기도 합니다.

염기성 용액이
담긴 뷰렛

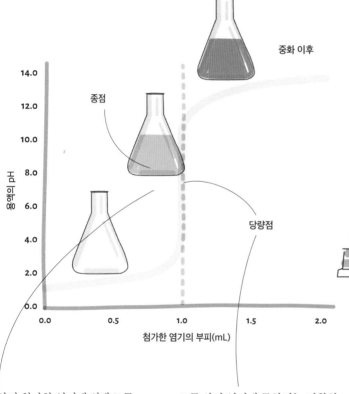

산-염기 중화 반응이 일어나는 동안의 pH 변화

중화 이후

종점

당량점

산 표본

pH

산이 첨가한 염기에 의해 모두
중화되면 pH 지시약의 색이
변합니다. 이때를 **종점**이라고
부릅니다. 이런 색 변화가
일어나려면 반응이 정확한
중화점을 지나 살짝 염기성
환경이 되어야 합니다.

모든 산이 염기에 중화되는 정확한
지점을 **당량점**이라고 부릅니다.
당량점에서는 산에서 나온 수소
이온이 모두 염기에서 나온 수산화
이온에 중화되어 물이 됩니다.

당량점이 되는 순간까지
첨가한 염기의 부피를 이용해
화학량론적으로 산의 농도를
계산할 수 있습니다.

완충 용액

산 또는 염기를 첨가했을 때 pH의 변화에 저항하는 성질이 있는 수용액을 **완충 용액**이라고 부릅니다.
완충 용액은 약산과 강한 염기성 짝염 또는 약염기와 강한 산성 짝염으로 이루어집니다. 많은 생체 시스템은 환경의 pH 변화에
민감합니다. 따라서 완충 용액은 정상적인 생리 활동을 위한 건강한 pH 균형을 유지하는 데 핵심적인 역할을 합니다.

완충 효과

탄산(H_2CO_3)은 짝염(예를 들어,
탄산수소소듐($NaHCO_3$))과 섞여
완충 용액이 될 수 있습니다. 중탄산
이온(HCO_3^-)은 탄산의 기본형으로
염의 형태로 제공됩니다. 이것을
짝염기라고 부릅니다. 탄산과
중탄산 이온이 수용액에 있으면,
완충 효과가 일어나 용액의 pH가
잘 변하지 않습니다.

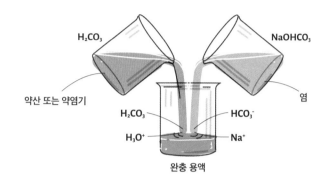

만약 완충 작용을 하는 탄산/중탄산 이온 짝이 있는 용액에 염기를 넣으면,
그 즉시 탄산이 중화해 pH가 올라가지 않습니다. 마찬가지로 산을 넣으면,
중탄산 이온이 중화해 pH를 유지합니다.

염기를 첨가하면 반응이
오른쪽으로 움직인다.

$$H_2CO_3\ (aq) + H_2O\ (l) \rightleftharpoons HCO_3^-\ (aq) + H_3O^+\ (aq)$$

약산   짝염기

산을 첨가하면 반응이
왼쪽으로 움직인다.

탄산/중탄산 이온 짝은
혈액의 pH가 7.35~7.45가
되도록 조절합니다. pH가
이 범위 아래로 떨어지는
증상을 **산혈증**이라고
부르고, 이 범위보다 클
때는 **알칼리혈증**이라고
합니다. 둘 다 적절히
치료하지 않으면 생명이
위험해질 수 있습니다.

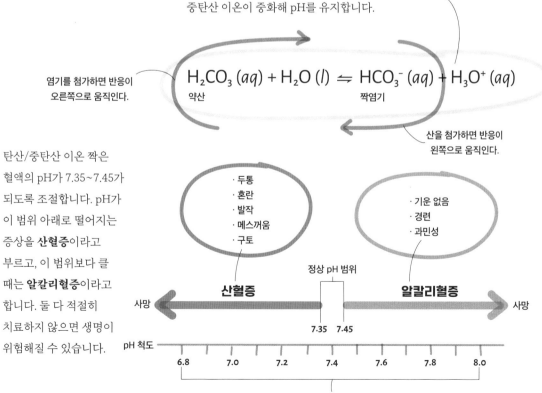

157

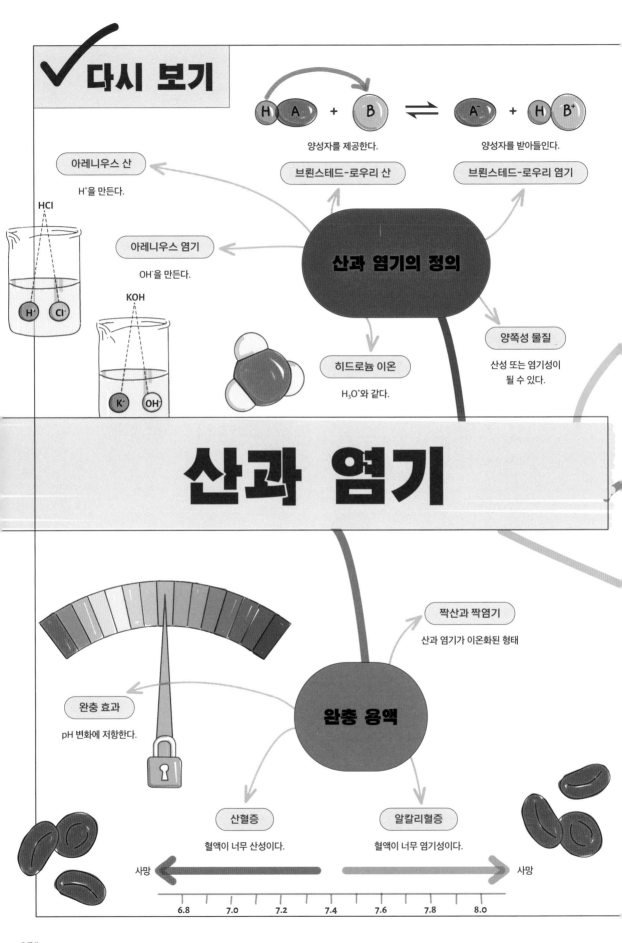

양성자를 제공한다.

양성자를 받아들인다.

아레니우스 산

H⁺을 만든다.

브뢴스테드-로우리 산

브뢴스테드-로우리 염기

HCl

아레니우스 염기

OH⁻을 만든다.

산과 염기의 정의

KOH

양쪽성 물질

산성 또는 염기성이
될 수 있다.

히드로늄 이온

H₃O⁺와 같다.

산과 염기

짝산과 짝염기

산과 염기가 이온화된 형태

완충 효과

pH 변화에 저항한다.

완충 용액

산혈증

혈액이 너무 산성이다.

알칼리혈증

혈액이 너무 염기성이다.

사망

사망

6.8   7.0   7.2   7.4   7.6   7.8   8.0

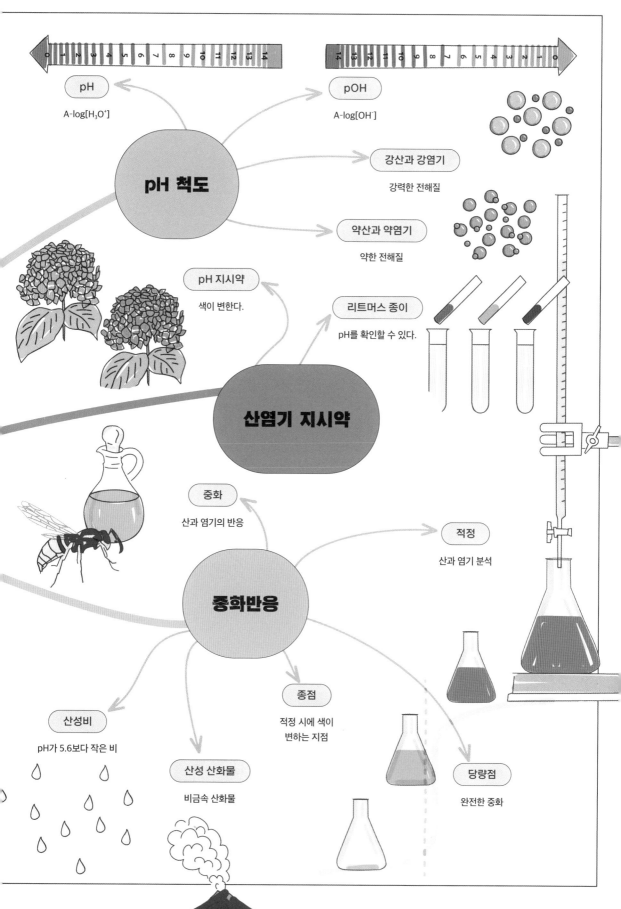

pH 척도

pH
$A-\log[H_3O^+]$

pOH
$A-\log[OH^-]$

강산과 강염기
강력한 전해질

약산과 약염기
약한 전해질

pH 지시약
색이 변한다.

리트머스 종이
pH를 확인할 수 있다.

산염기 지시약

중화
산과 염기의 반응

적정
산과 염기 분석

종화반응

산성비
pH가 5.6보다 작은 비

산성 산화물
비금속 산화물

종점
적정 시에 색이
변하는 지점

당량점
완전한 중화

159

13장

열역학

열역학thermodynamics라는 용어는 '열'을 뜻하는 thermo와 '운동'을 뜻하는 dynamics에서 유래했습니다. 이름을 보면 알 수 있듯이 열과 다른 형태의 에너지, 그 사이의 관계를 다루는 중요한 과학 분야입니다. 본질적으로 열역학은 에너지가 한곳에서 다른 곳으로 이동하거나 한 형태에서 다른 형태로 바뀌는 물리·화학적 과정에서 생기는 에너지의 변화를 다루는 과학입니다. 물질의 물리·화학적 변화를 일으키는 게 궁극적으로 무엇인지를 설명해주기 때문에 열역학 법칙은 과학에서 가장 근본적인 법칙입니다.

열역학과 엔탈피

열역학 제1법칙은 근본적으로 에너지 보존 법칙과 관련이 있습니다. 우주의 총 에너지양은 일정하므로
물리·화학적 변화가 일어나는 동안 에너지는 없어지거나 생겨날 수 없다는 것입니다.
그러나 형태를 바꾸거나 한 곳에서 다른 곳으로 이동할 수는 있습니다.

열역학 표준 상태

열역학에서 에너지는 관련된 모든 물질이 가장 안정적인
형태를 갖는 298.15K와 1기압이라는 표준 환경을
기준으로 나타냅니다. 학술 문헌에 나오는 물리·화학적
과정의 열역학적 데이터는 이 표준에 따른 것입니다.

열역학 표준 상태

기체	1기압에서 순수한 기체
액체와 고체	1기압 298.15K에서 순수한 액체 또는 고체
용액	1M의 농도

계와 환경

열역학적 **계**는 조사의 대상이 되는 작은 영역을 말합니다.
예를 들어, 계는 시험관 안에서 일어나는 화학 반응이나
식탁 위에 놓여 있는 얼음이 될 수 있습니다. 계 주변의
상황은 환경이라고 합니다. 계와 **환경**은 물질과 에너지를
교환할 수 있고, 서로 합쳐 **우주**를 이룹니다.

계의 **내부 에너지(E)**는 계의
운동에너지와 퍼텐셜에너지
합입니다. 화학적 또는 물리적
변화가 일어나면 계와 환경
사이에서 에너지의 교환이
일어납니다. 계 에너지의 변화는
ΔE로 나타내는데, 이것은 계에
변화가 일어나기 전($E_전$)과
후($E_후$)의 내부 에너지 차이입니다.

열역학 제1법칙은 계와 환경 사이의
에너지 교환은 **열(q)**과 **일(w)**의
형태가 될 수 있다는 것입니다.

ΔE는 **상태 함수**입니다. 그 값이 계의
처음과 마지막 상태에 따라서만
달라지고, 변화가 일어나는 과정의
성질과는 무관하다는 뜻입니다.

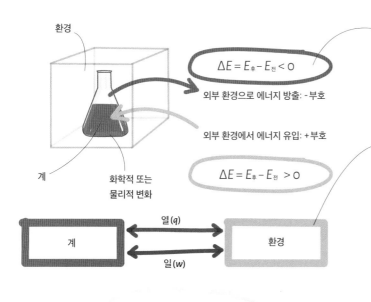

환경

$$\Delta E = E_후 - E_전 < 0$$

외부 환경으로 에너지 방출: - 부호

외부 환경에서 에너지 유입: + 부호

$$\Delta E = E_후 - E_전 > 0$$

계

화학적 또는
물리적 변화

계	열(q)	환경
	일(w)	

$$\Delta E = q + w$$

엔탈피

많은 화학·물리적 과정은 우리가 사는 대기압 환경에서 일어납니다. 압력이 일정한 환경에서 계와 환경 사이의 온도 차이로 생기는 열에너지(q)의 교환을 **엔탈피(H)**라고 부릅니다. 이 역시 상태 함수입니다.

만약 계가 환경에 열을 잃는다면($\Delta H<0$), 계에서 **발열 과정**이 일어난다고 말합니다. 만약 계가 환경으로부터 열을 얻는다면($\Delta H>0$), 그건 **흡열 과정**입니다.

환경의 온도가 증가한다.

환경의 온도가 감소한다.

$\Delta H < 0$

$\Delta H > 0$

열

열

발열 과정

흡열 과정

$$\Delta H = H_\text{후} - H_\text{전}$$

계와 환경 사이에서 열에너지가 이동하는 사례는 일상에서도 많이 찾을 수 있습니다. 예를 들어, 손난로는 계(손난로)에서 환경(손)으로 열이 이동하는 발열반응을 일으킵니다.

$$4Fe\,(s) + 3O_2\,(g) \rightarrow 2Fe_2O_3\,(s) + 열$$

손난로는 기체가 통과할 수 있는 주머니에 철가루와 물, 염을 넣어 밀봉한 것입니다. 주머니를 포장지에서 꺼내면 공기 중의 산소가 주머니 안으로 들어가 철가루와 반응해 녹이 슬게 합니다. 이 과정은 발열반응입니다. 그래서 열이 나지요.

반응이 일어날 때 주머니(계)는 차가운 손(환경)보다 온도가 높습니다. 이 반응으로 나온 열은 주머니에서 나와 우리 손으로 이동해 손을 따뜻하게 합니다. 시간이 지나면 계는 열을 잃고, 환경은 열을 얻습니다.

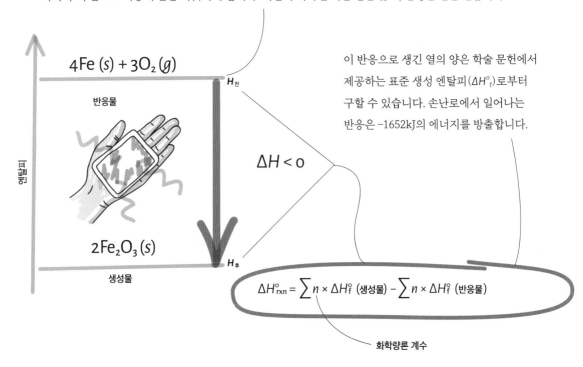

$4Fe\,(s) + 3O_2\,(g)$

$H_\text{전}$

반응물

$\Delta H < 0$

엔탈피

$2Fe_2O_3\,(s)$

생성물

$H_\text{후}$

이 반응으로 생긴 열의 양은 학술 문헌에서 제공하는 표준 생성 엔탈피(ΔH°_f)로부터 구할 수 있습니다. 손난로에서 일어나는 반응은 −1652kJ의 에너지를 방출합니다.

$$\Delta H^\circ_\text{rxn} = \sum n \times \Delta H^\circ_f \,(생성물) - \sum n \times \Delta H^\circ_f \,(반응물)$$

화학량론 계수

엔탈피 측정

열량 측정은 계와 환경의 열 교환을 측정하기 위해 쓰는 기법입니다. 온도계를 이용해 환경의 온도 변화를
측정하면 과정이 이루어지는 동안 얼마나 많은 열이 흘러갔는지를 알 수 있습니다.

물에서 일어나는 여러 반응의 엔탈피 변화는 **정압열량계**로 직접 측정할 수 있습니다. 이 방법을 이용할 때는
단열이 잘되어 있으며 뚜껑이 느슨해 항상 대기압 조건을 유지할 수 있는 용기 안의 수용액에서 화학 반응을
일으킵니다. 수용액(환경에 해당)의 온도는 반응이 일어나기 전과 후로 나누어 측정합니다. 만약 용액의
온도가 올라갔다면 발열반응이 일어난 것이고, 온도가 떨어졌다면 흡열반응이 일어난 것입니다.

온도 변화(ΔT)는 반응의 엔탈피 변화(ΔH)와 직접적인 관련이 있습니다.

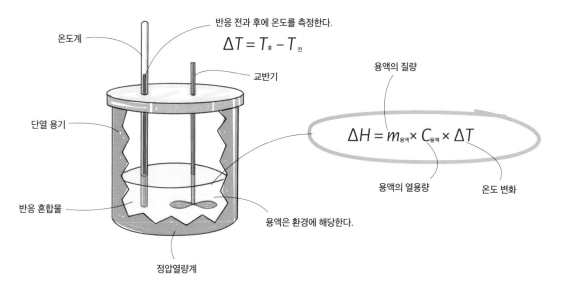

반응 전과 후에 온도를 측정한다.

$$\Delta T = T_후 - T_전$$

온도계

교반기

단열 용기

용액의 질량

$$\Delta H = m_{용액} \times C_{용액} \times \Delta T$$

용액의 열용량   온도 변화

반응 혼합물

용액은 환경에 해당한다.

정압열량계

상전이와 엔탈피

열량 측정을 이용해 상전이 동안의 엔탈피 변화를 쉽게 측정할
수 있습니다. 융해(녹음)와 증발, 승화는 모두 흡열 과정으로
열이 있어야 일어날 수 있습니다. 따라서 $\Delta H > 0$입니다.
반대로 동결과 응결, 석출은 모두 발열 과정으로 $\Delta H < 0$입니다.

눈이 오기 시작하면 주변 온도는 올라갑니다.
수증기가 고체인 눈으로 변하는 발열
과정에서 열을 방출하기 때문입니다.

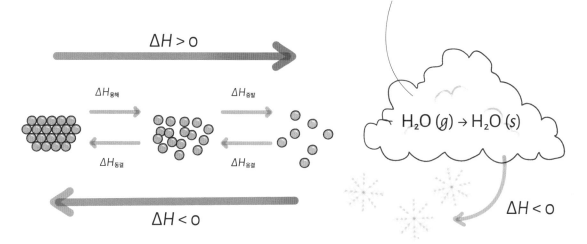

$\Delta H > 0$

$\Delta H_{융해}$ $\Delta H_{증발}$

$\Delta H_{동결}$ $\Delta H_{응결}$

$\Delta H < 0$

$H_2O\ (g) \rightarrow H_2O\ (s)$

$\Delta H < 0$

열역학과 엔트로피

열역학 제2법칙은 자연의 가장 근본적인 법칙입니다. 계가 무질서한 정도에 관해 알려주는 엔트로피(S)에 관한 심오한 의미를 지니고 있습니다. 열역학 제2법칙에 따르면, 자발적인 과정이 일어날 때 우주의 엔트로피는 결코 줄어들지 않습니다. 그리고 에너지는 한곳에 집중되기보다는 퍼지려는 경향이 있습니다.

자발적 과정과 비자발적 과정

자발적인 과정은 일단 시작되면 지속적인 외부의 간섭이 없어도 스스로 계속 진행되는 과정입니다. 어느 한 방향으로 **자발적인 과정**은 반대 방향으로 **비자발적**입니다.

환경의 온도가 얼음의 녹는점보다 높다면 얼음은 자발적으로 녹습니다. 온도가 0℃보다 큰 한 이 과정의 방향은 얼음에서 액체 상태의 물을 향합니다. 액체 상태의 물 분자는 얼음 상태일 때보다 더 무질서하며, 그 결과 에너지가 퍼져 있습니다.

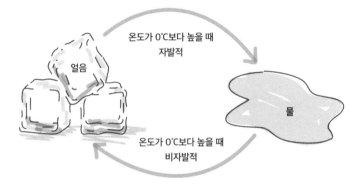

자연에서 일어나는 과정은 자발적입니다. 못에 녹이 스는 건 그런 화학적 변화가 이루어지는 동안 우주의 엔트로피가 증가하기 때문입니다. 녹슨 못이 저절로 원래대로 돌아가는 건 불가능합니다.

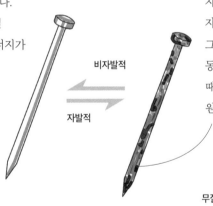

엔트로피

엔트로피(S)는 어떤 계 안의 무작위성 또는 원자나 이온, 분자 같은 입자의 자유도를 측정하는 척도라고 할 수 있습니다. 이 정의에 따르면, 기체는 액체와 고체보다 엔트로피가 큽니다. 기체 입자가 훨씬 더 자유롭고 무작위하며 무질서하기 때문입니다.

고체에서 액체, 액체에서 기체로 변하는 모든 상전이는 엔트로피가 증가합니다. 반대 방향으로 변할 때는 엔트로피 변화가 음수입니다. 엔트로피가 증가하는 방향의 변화는 에너지가 퍼지게 합니다.

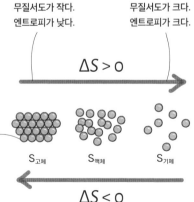

엔트로피와 자발성

계와 환경의 엔탈피 교환은 필연적으로 엔트로피에 영향을 끼칩니다. 발열 과정에서 열은 계에서
환경으로 흘러가며 분자의 무질서도를 높입니다. 그러면 환경의 엔트로피가 높아집니다.
흡열 과정에서는 반대 현상이 일어납니다.

뜨거운 커피(계)는 더 차가운 주변 환경에 열을 빼앗깁니다. 환경이 얻은 열은 커피가 잃은 열과 똑같습니다. 이를 이용해 우리는 환경의 엔트로피 변화를 알아낼 수 있습니다.

커피는 에너지를 얻고 시간이 흐를수록 차가워집니다. 온도가 낮아진 만큼 계의 분자 무질서도는 줄어들고 엔트로피가 낮아집니다.

에너지가 퍼지는 경향 때문에 뜨거운 커피는 더 차가운 주변 환경에 열을 빼앗깁니다. 이것은 자연스러운 자발적 과정입니다. 그리고 조건이 달라지지 않는 한 반대 과정은 불가능합니다. 열역학 제2법칙에 따르면, 자발적인 과정이 일어날 때 우주의 엔트로피는 커져야($\Delta S_{우주} > 0$) 합니다.

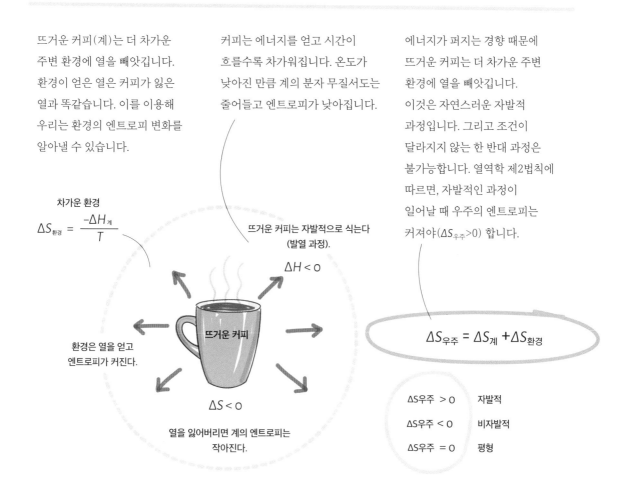

차가운 환경

$$\Delta S_{환경} = \frac{-\Delta H_{계}}{T}$$

뜨거운 커피는 자발적으로 식는다
(발열 과정).

$\Delta H < 0$

뜨거운 커피

환경은 열을 얻고
엔트로피가 커진다.

$\Delta S < 0$

열을 잃어버리면 계의 엔트로피는
작아진다.

$$\Delta S_{우주} = \Delta S_{계} + \Delta S_{환경}$$

$\Delta S우주 > 0$	자발적
$\Delta S우주 < 0$	비자발적
$\Delta S우주 = 0$	평형

어떤 계의 엔탈피와 엔트로피 양적인 변화만으로는 계에서 일어나고 있는 과정이 자발적인지 비자발적인지 예측할 수 없습니다. 자발성의 기준을 제공하는 우주의 엔트로피(계+환경, 또는 $\Delta S_{우주}$)도 마찬가지입니다. $\Delta S_{우주}$의 값은 자발적인 과정일 때 양수이고, 비자발적인 과정일 때 음수이며, 평형 과정의 경우에 0입니다.

커피 계의 엔트로피는 감소하고 있지만, 환경의 엔트로피 증가는 $\Delta S_{우주}$를 0보다 크도록 유지하기에 충분합니다. 덕분에 열평형에 도달할 때까지 냉각 과정은 자발적일 수 있습니다.

계에서 화학 반응이 일어날 때 엔트로피 변화는 학술 문헌에서 찾을 수 있는 표준 엔트로피를 이용해 쉽게 알아낼 수 있습니다.

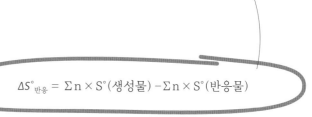

$$\Delta S°_{반응} = \Sigma n \times S°(생성물) - \Sigma n \times S°(반응물)$$

깁스 자유 에너지와 자발성

우주의 엔트로피 변화로 화학 반응이 자발적으로 일어날지 아닐지 예측할 수 있습니다.
하지만 먼저 환경의 엔트로피에 관해 알아야 하는데, 그건 쉽지 않을 때도 있습니다. **깁스 자유 에너지(G)**는
화학적 또는 물리적 변화의 자발성을 예측할 때 계의 성질에만 초점을 맞출 수 있게 해주는 개념입니다.

깁스 자유 에너지

깁스 자유 에너지(또는 **화학 퍼텐셜**)는 변화의 방향과 변화를 초래하는 화학적 또는 물리적 과정의 능력을 평가하는 정량적인 방법입니다. 환경에서 벌어지는 변화에 관한 정보 없이 계의 엔탈피와 엔트로피 측면에서만 정의한 계의 성질이지요.

깁스 에너지의 변화(ΔG)는 자발적인 변화를 양적으로 예측하는 새로운 기준을 제공합니다. ΔG가 음수면, 그 과정은 특정 온도와 압력 조건에서 정방향으로 자발적입니다. 온도와 압력이 일정하다면 ΔG는 계속 음수를 유지하며, 그 과정은 계속 자발적으로 이루어집니다.

ΔG가 0일 때 그 과정은 동적 평형에 있다고 말합니다. 정방향과 역방향 과정이 똑같은 속도로 이루어져 전체적으로는 변화가 없는 것이지요.

ΔG가 음수인 과정을 에너지 방출성, ΔG가 양수인 과정을 **에너지 흡수성**이라고 합니다. 화학적 또는 물리적 변화는 **에너지 방출성 방향**으로 자발적이고, 에너지 흡수성 방향으로 비자발적입니다.

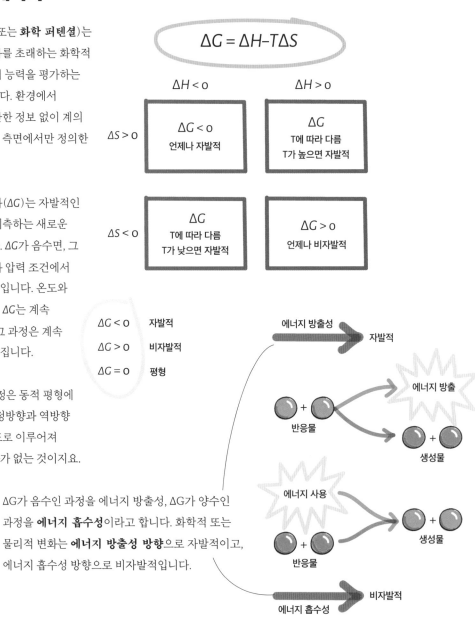

$$\Delta G = \Delta H - T\Delta S$$

	$\Delta H < 0$	$\Delta H > 0$
$\Delta S > 0$	$\Delta G < 0$ 언제나 자발적	ΔG T에 따라 다름 T가 높으면 자발적
$\Delta S < 0$	ΔG T에 따라 다름 T가 낮으면 자발적	$\Delta G > 0$ 언제나 비자발적

$\Delta G < 0$ 자발적
$\Delta G > 0$ 비자발적
$\Delta G = 0$ 평형

에너지 방출성 → 자발적
에너지 방출
반응물
생성물

에너지 사용
생성물
반응물

에너지 흡수성 → 비자발적

아이스팩

일회용 아이스팩에는 고체 질산암모늄(NH_4NO_3)과 수용성 이온화합물, 물이 별개의 주머니에 담겨 있습니다. 물주머니가 터지면 물과 질산암모늄이 섞여 전해질 용액이 이룹니다. 이것은 흡열반응으로 주변 환경에서 열을 흡수하기 때문에 아이스팩을 만지면 차가운 느낌을 받습니다.

열을 잃어버린 환경의 엔트로피는 작아집니다. 그러나 계(아이스팩의 내용물)의 엔트로피는 커집니다. 고체 화합물이 훨씬 더 자유도와 무작위성, 무질서도가 높은 용액 속의 이온으로 바뀌기 때문입니다. 계의 엔트로피 증가는 환경의 엔트로피 감소를 상쇄하고도 남기 때문에 ΔG는 계속 0보다 작고, $\Delta S_{우주}$는 0보다 큽니다.

$$NH_4NO_3(s) + 열 \rightarrow NH_4^+(aq) + NO_3^-(aq)$$

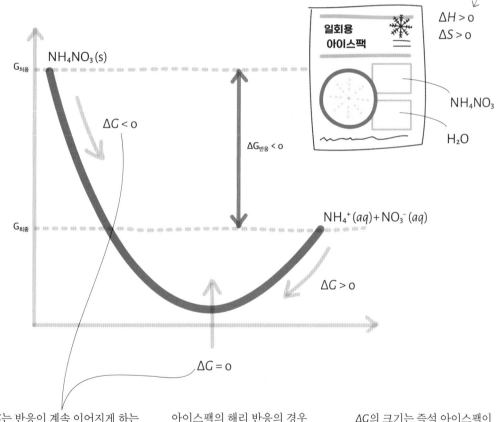

$\Delta H > 0$
$\Delta S > 0$

일회용 아이스팩

NH_4NO_3

H_2O

$G_{처음}$ $NH_4NO_3(s)$

$\Delta G < 0$

$\Delta G_{반응} < 0$

$G_{최종}$ $NH_4^+(aq) + NO_3^-(aq)$

$\Delta G > 0$

$\Delta G = 0$

ΔG는 반응이 계속 이어지게 하는 양적인 능력입니다. ΔG가 음수인 한 반응은 계속 이루어집니다. 그러는 동안 ΔG의 값은 줄어들다가 결국 0이 되며 동적 평형에 도달합니다.

아이스팩의 해리 반응의 경우 $\Delta H = +27\ kJ/mol$이고 $\Delta S = +108.1\ J/mol \cdot K$입니다. 주변 온도와 압력에서 이 에너지 방출성 반응의 ΔG는 $-5.2\ kJ/mol$입니다.

ΔG의 크기는 즉석 아이스팩이 15~20분 동안 효과적으로 작용할 수 있게 해줄 정도입니다. 삐거나 멍든 곳에 대고 있기에는 충분하지요.

열역학 제0법칙과 제3법칙

열역학 제0법칙은 물리적으로 접촉하고 있는 계 사이의 열 흐름과 열적 평형을 다루며,
제3법칙은 물질의 온도와 엔트로피의 관계를 알려줍니다. 이 두 법칙은 열역학 제1법칙과 제2법칙을 보완합니다.

제0법칙

열역학 제0법칙에 따르면 온도가 서로 다른 두 계가 물리적으로 맞닿아 있을 때 두 계가 똑같은 온도에 도달해 열적 평형을 이룰 때까지 뜨거운 계에서 차가운 계로 q만큼의 열이 흘러갑니다.

열역학 제0법칙은 온도계가 작동하는 기본 원리입니다. 온도계를 어떤 물질에 넣으면 둘 사이에 열 교환이 이루어집니다. 그러면 온도계 안에 있는 물질의 밀도가 변하고, 그에 따라 온도계의 눈금이 달라집니다. 온도계와 물질이 열적 평형에 이르면 온도계 눈금을 읽어 물질의 온도를 알 수 있습니다.

제3법칙

열역학 제3법칙은 절대영도(0K)에서 완전한 결정의 엔트로피는 0이 된다는 것입니다.

엔트로피는 분자의 무작위성과 무질서도의 척도입니다. 어떤 물질이 절대영도까지 차가워진다면 모든 분자의 움직임이 멈추고 완전한 결정 구조를 이룹니다. 이렇게 고도로 질서 있는 분자 배열은 엔트로피가 0임을 나타냅니다. 물질의 온도가 높아짐에 따라 엔트로피는 커지기 시작합니다. 학술 문헌에 나오는 엔트로피 값은 모두 제3법칙을 바탕으로 구한 것이므로 절대 엔트로피라고 부릅니다.

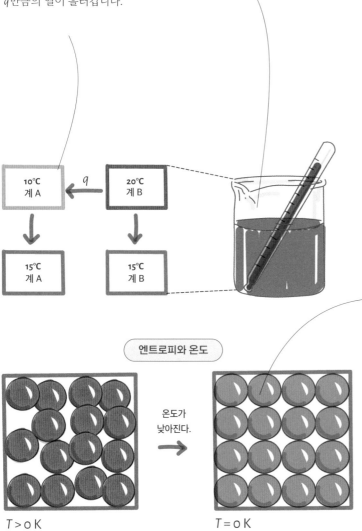

10°C 계 A ← q 20°C 계 B

15°C 계 A

15°C 계 B

엔트로피와 온도

온도가 낮아진다.

$T > 0\,\text{K}$
$S > 0$

$T = 0\,\text{K}$
$S = 0$

평형열역학

외부의 간섭이 없으면, 자발적인 반응은 모두 평형 위치를 지향합니다. 흔히 그렇듯이 만약 반응물이 표준 상태에 있지 않아도 여전히 ΔG를 알아낼 수 있습니다. 깁스 에너지도 화학 반응의 평형 위치에 관한 열역학적 정보를 제공할 수 있습니다.

깁스 에너지와 평형

반응지수(Q)를 이용하면 표준 조건이 아닌 상황에서 화학 반응이 평형 상태를 향해 진행될 때 ΔG를 구할 수 있습니다.

에너지 방출성 반응의 경우 평형 위치는 보통 생성물에 아주 가깝습니다. 음수인 ΔG 값이 반응을 생성물 쪽으로 밀어내기 때문입니다.

반응물과 생성물의 농도 차이(Q로 나타냅니다)는 Q<K이고 ΔG<0일 때 반응이 정방향으로 이루어지도록 만드는 힘입니다.

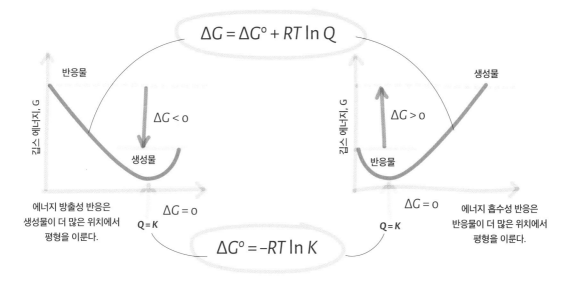

$$\Delta G = \Delta G^\circ + RT \ln Q$$

에너지 방출성 반응은 생성물이 더 많은 위치에서 평형을 이룬다.

$$\Delta G^\circ = -RT \ln K$$

에너지 흡수성 반응은 반응물이 더 많은 위치에서 평형을 이룬다.

반응이 평형 상태에 도달하면 $Q=K$이고 $\Delta G=0$이 됩니다. 만약 $K \gg 1$이면, 평형 위치는 생성물에 더 가깝고, 표준 조건에서 $\Delta G^\circ < 0$입니다.

만약 $K \ll 1$이면, 평형 위치는 반응물에 더 가깝고, 반응의 ΔG°는 0보다 큽니다. 에너지 흡수성 반응이 여기에 해당합니다. 정방향의 반응이 비자발적이기 때문에 평형 상태에서 존재하는 건 대부분 반응물입니다.

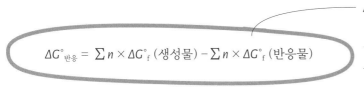

$$\Delta G^\circ_{\text{반응}} = \sum n \times \Delta G^\circ_f \,(\text{생성물}) - \sum n \times \Delta G^\circ_f \,(\text{반응물})$$

ΔG°은 모든 화학종이 표준 상태에 있을 때 반응의 깁스 에너지 변화입니다. ΔG°은 쉽게 구할 수 있는 학술 문헌의 표준 생성 깁스 에너지 데이터(ΔGf°)로부터 구할 수 있습니다.

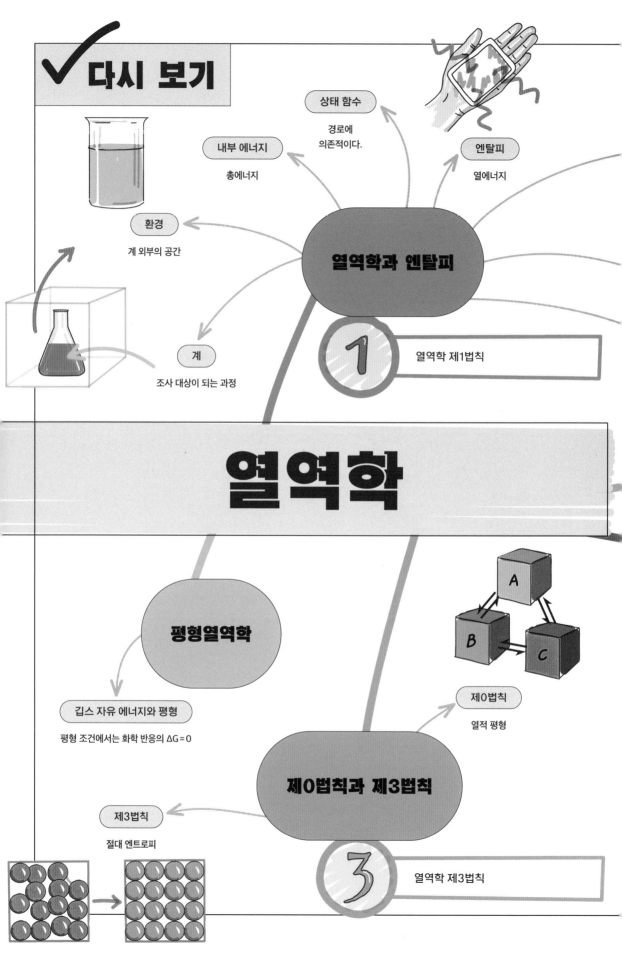

상태 함수

경로에 의존적이다.

내부 에너지

총에너지

엔탈피

열에너지

환경

계 외부의 공간

열역학과 엔탈피

계

조사 대상이 되는 과정

1   열역학 제1법칙

열역학

평형열역학

A

B   C

긱스 자유 에너지와 평형

평형 조건에서는 화학 반응의 ΔG = 0

제0법칙

열적 평형

제0법칙과 제3법칙

제3법칙

절대 엔트로피

3   열역학 제3법칙

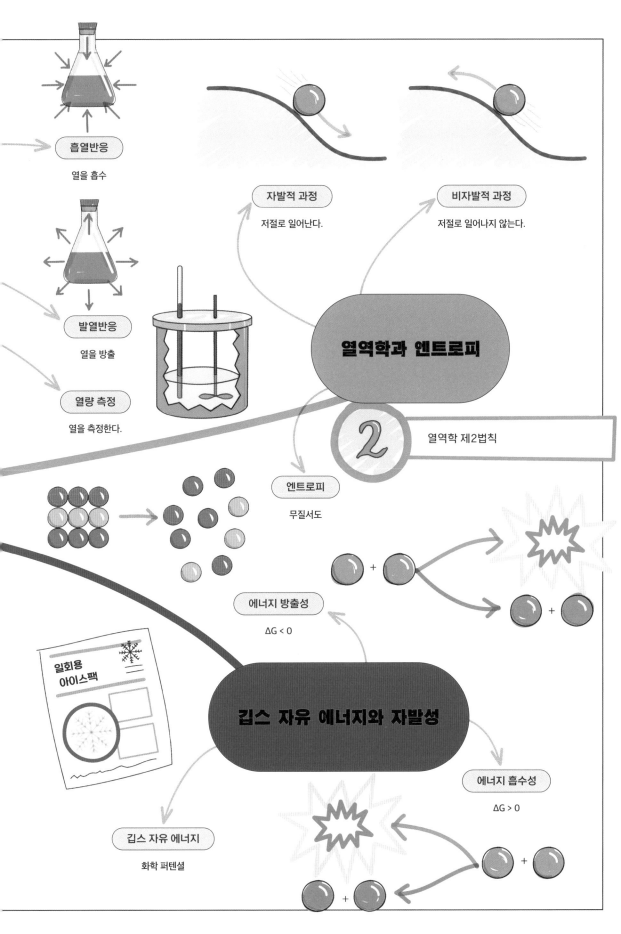

흡열반응

열을 흡수

발열반응

열을 방출

열량 측정

열을 측정한다.

자발적 과정

저절로 일어난다.

비자발적 과정

저절로 일어나지 않는다.

열역학과 엔트로피

2 열역학 제2법칙

엔트로피

무질서도

에너지 방출성

$\Delta G < 0$

깁스 자유 에너지와 자발성

일회용
아이스팩

에너지 흡수성

$\Delta G > 0$

깁스 자유 에너지

화학 퍼텐셜

171

14장

전기화학

전기화학은 전극과 전해질의 접촉면에서 일어나는 화학 반응을
연구함으로써 전기에너지와 화학 변화 사이의 상호작용을 설명하는
분야입니다. 전자가 특정 반응물 사이에서 이동하는 산화환원 반응도
이 분야에서 다룹니다. 접근법에는 두 가지가 있습니다. 자발적인
화학 반응을 이용해 전기를 만드는 것과 전기를 이용해 비자발적인
화학 변화를 일으키는 것입니다. 두 경우 모두 계와 환경 사이에서
일어나는 일(전기의 힘)의 교환이 주요 관심사입니다.

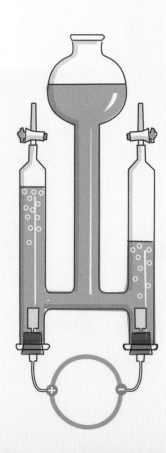

전자의 작용

전하가 움직이면 전류가 발생합니다. 이것은 음전하로 대전된 전자가 전선이나 철과 같은 매질을 따라 흐르거나
전해질 용액에서 이온이 흐를 때 전류가 발생한다는 뜻입니다. 산화환원 반응이 일어날 때도
전자 친화도가 낮은 물질에서 전자 친화도가 높은 물질로 전자가 이동하는 현상이 생기므로 전류가 발생할 가능성이 있습니다.

산화환원 반응

산화환원 반응에서 전자 친화도가
낮은 물질은 전자를 잃어버리며
산화되고, 전자 친화도가 높은
다른 물질이 전자를 얻으며
환원됩니다.

전자를 교환하는 두 물질이
직접 접촉하고 있을 때는
전자의 이동이 빠릅니다. 그러면
산화환원 과정에서 생겼다
소모되는 전자가 의미 있는
전력을 생산하지 못합니다.
그러나 산화되는 물질과
환원되는 물질이 서로 떨어져
있고 산화환원 반응이 일어날 때
전자가 전선을 통해 움직여야
한다면, 전류가 발생해 외부에서
사용할 수 있습니다.

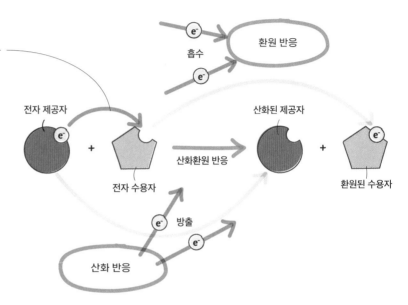

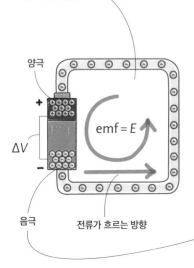

전류

암페어(A)를 단위로 쓰는 **전류**는
초당 쿨롱(C/s)으로 측정하는 전하의
흐름으로 정의합니다. 전자의 전하는
$1.602×10^{-19}$C입니다. 따라서 1A의
전류는 1초에 전자 $6.242 × 10^{18}$개가
흐르는 것과 같습니다.

산화환원 반응에서 금속 **전극**에
연결된 전도성 전선은 산화 반응이
일어나는 쪽에서 환원 반응이
일어나는 쪽으로 전자가 이동하는
데 쓰입니다. 산화 반응이 일어나는
전극을 **음극**, 환원 반응이 일어나는
전극을 **양극**이라고 합니다.

볼트(V)를 단위로 쓰는 두 전극
사이의 **전위 에너지 차**(ΔV)는
전류를 흐르게 합니다. 그 결과
직류가 흐르고, 이것이 전지의
전력입니다.

기전력(emf)은 음극과
양극 사이에 전류가 흐를
때 전위의 차이를 말합니다.
전기화학에서 기전력은 흔히
전지 전위(E)라고 부릅니다.

173

볼타전지

볼타전지(갈바니전지)는 자발적인 산화환원 반응이 일어나 화학 퍼텐셜에너지를 전기에너지로 바꾸어 전류를 흐르게 하는 전기화학전지입니다. 볼타전지는 두 부분으로 이루어져 있습니다. 한 곳에서는 산화 반응이 일어나고, 다른 곳에서는 환원 반응이 일어납니다. 이 구조는 전지가 작동하는 기본 원리입니다.

볼타전지의 구조

볼타 전기화학 전지 구조에서 산화 반응은 아연(Zn) 같은 금속 음극과 질산아연($Zn(NO_3)_2$) 같은 금속 전해질 수용액의 접촉면에서 일어납니다. 통상적으로 음극을 전지 왼쪽에 배치합니다.

환원 반응은 구리(Cu) 같은 금속 양극과 질산구리($Cu(NO_3)_2$) 같은 금속 전해질 수용액의 접촉면에서 일어납니다.

음극과 양극은 전도성 전선으로 연결되어 있어 전자가 음극에서 양극으로 자유롭게 이동할 수 있습니다. 환원 반응이 자발적으로 일어나는 데 필요한 전자를 공급해 주지요.

음극과 양극 사이의 전위차는 전자가 움직이게 하여 전류를 흐르게 하고, 이 전류를 전압계로 측정할 수 있습니다. 전류의 양은 전자가 흐르는 동안의 전위 에너지 차이(기전력)에 달려 있습니다. 볼타전지는 전지 전위(E)가 양의 값을 갖습니다.

산화환원 반응이 자발적으로 이루어지면서 왼쪽의 산화 과정은 추가로 Zn^{2+} 이온을 만들어내고, 오른쪽의 산화 과정은 기존의 Cu^{2+} 이온을 소모합니다.

중성 전하를 유지하기 위해 **염다리**는 추가로 음이온과 양이온을 각각 왼쪽과 오른쪽에 공급합니다. 그러지 않으면 산화환원 반응이 자발적으로 일어나지 않게 되고, 전류의 흐름이 끊어집니다.

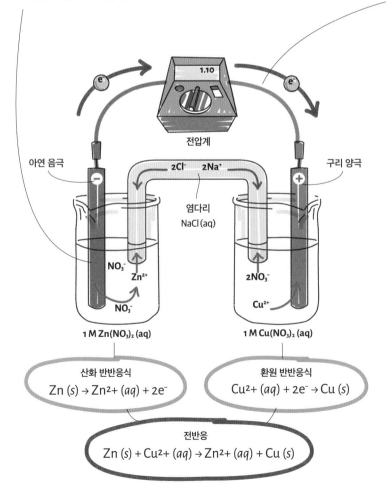

전압계

아연 음극

2Cl⁻ 2Na⁺

구리 양극

염다리
NaCl(aq)

NO_3^-

Zn^{2+}

NO_3^-

$2NO_3^-$

Cu^{2+}

1 M $Zn(NO_3)_2$ (aq)

1 M $Cu(NO_3)_2$ (aq)

산화 반반응식
$Zn\ (s) \rightarrow Zn^{2+}\ (aq) + 2e^-$

환원 반반응식
$Cu^{2+}\ (aq) + 2e^- \rightarrow Cu\ (s)$

전반응
$Zn\ (s) + Cu^{2+}\ (aq) \rightarrow Zn^{2+}\ (aq) + Cu\ (s)$

표준 전지 전위

반응물과 생성물이 모두 표준 상태인(모든 용액의 몰농도가 1.0이고, 모든 기체의 압력이 1기압) 표준 열역학 조건에서 볼타전지가 작동할 때 측정한 전지 전위를 **표준 전지 전위**($E°_{전지}$)라고 부릅니다. 온도는 보통 25°C로 가정합니다.

전지 전위는 자발적인 산화와 환원을 겪는 반응물의 상대적인 경향에 따라 달라집니다. 전자 친화도가 높은 물질과 전자 친화도가 낮은 다른 물질을 조합하면 큰 양의 전지 전위를 얻을 수 있습니다. 전지 전위가 클수록 산화환원 반응이 자발적으로 일어나려는 경향도 커집니다.

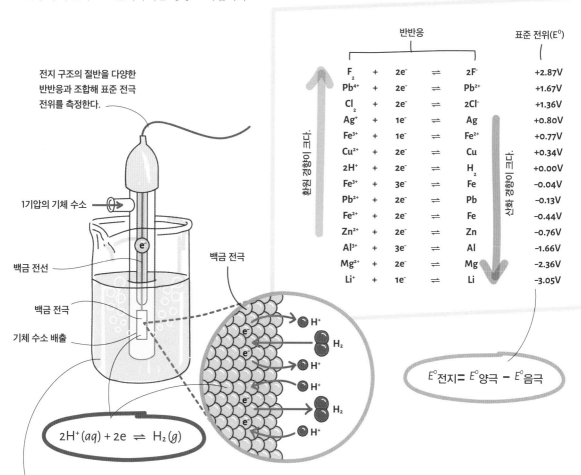

전지 구조의 절반을 다양한 반반응과 조합해 표준 전극 전위를 측정한다.

1기압의 기체 수소

백금 전선

백금 전극

기체 수소 배출

백금 전극

	반반응			표준 전위($E°$)
F_2	+ $2e^-$	$\rightleftharpoons$	$2F^-$	+2.87V
Pb^{4+}	+ $2e^-$	$\rightleftharpoons$	Pb^{2+}	+1.67V
Cl_2	+ $2e^-$	$\rightleftharpoons$	$2Cl^-$	+1.36V
Ag^+	+ $1e^-$	$\rightleftharpoons$	Ag	+0.80V
Fe^{3+}	+ $1e^-$	$\rightleftharpoons$	Fe^{2+}	+0.77V
Cu^{2+}	+ $2e^-$	$\rightleftharpoons$	Cu	+0.34V
$2H^+$	+ $2e^-$	$\rightleftharpoons$	H_2	+0.00V
Fe^{3+}	+ $3e^-$	$\rightleftharpoons$	Fe	−0.04V
Pb^{2+}	+ $2e^-$	$\rightleftharpoons$	Pb	−0.13V
Fe^{2+}	+ $2e^-$	$\rightleftharpoons$	Fe	−0.44V
Zn^{2+}	+ $2e^-$	$\rightleftharpoons$	Zn	−0.76V
Al^{3+}	+ $3e^-$	$\rightleftharpoons$	Al	−1.66V
Mg^{2+}	+ $2e^-$	$\rightleftharpoons$	Mg	−2.36V
Li^+	+ $1e^-$	$\rightleftharpoons$	Li	−3.05V

환원 경향이 크다.

산화 경향이 크다.

$$2H^+(aq) + 2e \rightleftharpoons H_2(g)$$

$$E°_{전지} = E°_{양극} - E°_{음극}$$

표준 조건에서 음극과 양극은 자체적인 **표준 전극 전위**($E°$)를 갖습니다. 이것은 산화와 환원 반응이 얼마나 강하게 자발적으로 일어나는 경향이 있는지를 나타냅니다.

표준 전지 전위는 양극 전극 전위와 음극 전극 전위의 차이입니다. **표준 수소 전극(SHE)**은 1M의 강산 수용액에 백금 전극을 담가 만듭니다. 그러면 수소 이온(H^+)이 기체 H_2로 환원됩니다. 관습적으로 SHE의 표준 전극 전위를 0.0V로 생각합니다. 다른 모든 표준 전극 전위는 SHE를 기준으로 정해지며, 보통 표준 환원 전위표로 나타냅니다.

SHE보다 표준 환원 전위가 높은(양수인) 반반응은 음극에서 환원 반응으로 일어나는 경향이 있습니다.

SHE보다 표준 환원 전위가 낮은(음수인) 반반응은 양극에서 산화 반응으로 일어나는 경향이 있습니다.

깁스 자유 에너지와 전기화학

볼타전지는 전기를 생산하는 게 목적이며, 그러기 위해서는 양의 전지 전위를 만들 수 있는 산화환원 반응이 자발적으로 일어나야 합니다. 깁스 자유 에너지는 자발성의 기준을 제공하므로 전지 전위와 ΔG는 서로 관련이 있습니다.

표준 조건에서의 자발성

$\Delta G°<0$이면, 양의 전지 전위($E°_{전지}>0$)가 발생합니다. 표준 조건에서 반응이 자발적으로 일어나기 때문입니다. 전자 1몰의 전하를 쿨롱(C)으로 나타낸 **패러데이 상수(F)**는 $E°_{전지}$와 $\Delta G°$ 사이의 수학적인 관계를 알려줍니다.

$\Delta G°$은 표준 조건에서 일어나는 산화환원 반응의 평형상수(K)와 관련이 있습니다.

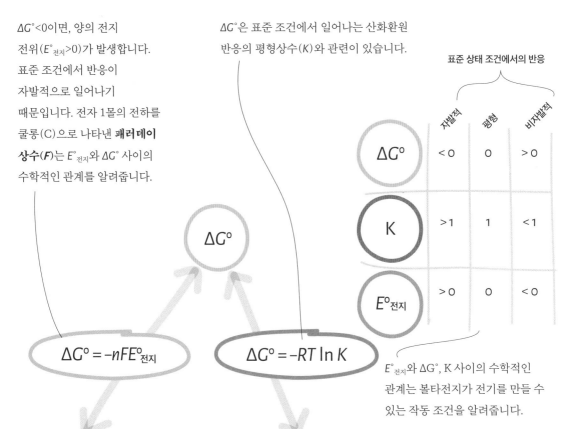

표준 상태 조건에서의 반응

	자발적	평형	비자발적
$\Delta G°$	< 0	0	> 0
K	> 1	1	< 1
$E°_{전지}$	> 0	0	< 0

$\Delta G° = -nFE°_{전지}$

$\Delta G° = -RT \ln K$

$E°_{전지}$와 $\Delta G°$, K 사이의 수학적인 관계는 볼타전지가 전기를 만들 수 있는 작동 조건을 알려줍니다.

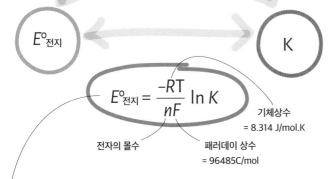

$$E°_{전지} = \frac{-RT}{nF} \ln K$$

기체상수 = 8.314 J/mol.K

전자의 몰수

패러데이 상수 = 96485C/mol

볼타전지에서 발생하는 $E°_{전지}$와 전지에서 벌어지는 산화환원 반응의 평형상수는 자연히 서로 수학적인 관계가 있습니다.

배터리는 전기를 만드는 볼타전지입니다. 배터리가 방전된다는 건 $\Delta G°<0$이고 $E°_{전지}>0$이라는 뜻입니다. 배터리는 산화환원 반응이 평형 상태에 도달할 때까지 계속 작동합니다. 충전이 가능한 배터리의 경우 전기로 산화환원 반응을 되돌려 원래 상태로 복구할 수 있습니다. 그러면 배터리를 다시 사용할 수 있지요.

비표준 조건에서의 자발성

아연과 구리 전극으로 만든 볼타전지의 경우 전해질 용액의 농도가 1.0M일 때 표준 조건에서 $E°_{전지}$=1.10V입니다. 그러나 음극의 전해질 용액 농도가 0.01M이고 양극의 전해질 용액 농도가 2.0M일 때는 똑같은 볼타전지가 1.17V의 전지 전위($E°_{전지}$)를 만듭니다. 비표준 조건에서 일어나는 자발적인 산화환원 반응의 경우 깁스 자유 에너지(ΔG)는 **네른스트 방정식**으로 구할 수 있습니다. Q는 전체 산화환원 반응의 반응 지수입니다.

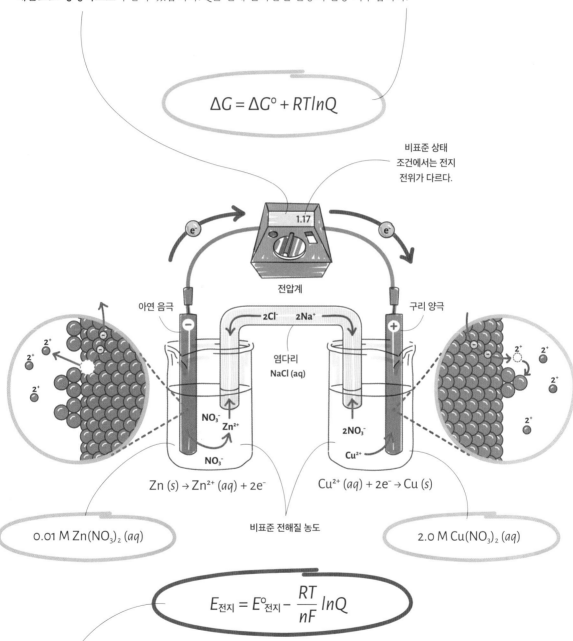

$$\Delta G = \Delta G° + RT\ln Q$$

비표준 상태 조건에서는 전지 전위가 다르다.

1.17

전압계

아연 음극   2Cl⁻   2Na⁺   구리 양극

염다리
NaCl (aq)

NO_3^-
Zn^{2+}

$2NO_3^-$
Cu^{2+}

NO_3^-

$Zn\ (s) \rightarrow Zn^{2+}\ (aq) + 2e^-$ $Cu^{2+}\ (aq) + 2e^- \rightarrow Cu\ (s)$

0.01 M $Zn(NO_3)_2$ (aq)   비표준 전해질 농도   2.0 M $Cu(NO_3)_2$ (aq)

$$E_{전지} = E°_{전지} - \frac{RT}{nF}\ln Q$$

비표준 조건에서 측정한 전지 전위($E_{전지}$)는 표준 전지 전위($E°_{전지}$)와 관련이 있습니다.
볼타전지는 전기를 생산하는 게 목적이므로 산화환원 반응이 자발적으로 일어나야 합니다.
이것은 곧 ΔG<0인 한 전지가 계속 $E_{전지}$>0인 상태로 $\Delta G = 0$이 되어 평형에 도달할 때까지 작동한다는 뜻입니다.

배터리와 연료전지

배터리는 자발적인 산화환원 반응을 이용해 전기를 생산할 뿐만 아니라 저장하기도 합니다.
두 전극으로 이루어진 볼타전지를 작게 포장해 만든 것으로, 사용하고 있을 때만 전기를 만들어냅니다.
그러나 연료전지는 다른 원리로 작동합니다. 산화환원 반응에 필요한 반응물을 끊임없이 공급해야 하지요.
연료전지는 화학에너지를 전기에너지로 바꾸며, 전기를 저장하지 않습니다.

배터리

배터리에는 일반적으로 두 종류가 있습니다.
일회용인 **일차전지**와 재충전이 가능해
여러 번 쓸 수 있는 **이차전지**입니다.

$$2MnO_2\ (s) + 2H_2O\ (l) + 2e^- \rightarrow 2MnO(OH)\ (s) + 2OH^-\ (aq)$$

알칼라인 배터리

망간은 양극에서 환원되며 음극에 공급하는
전자를 소모합니다.

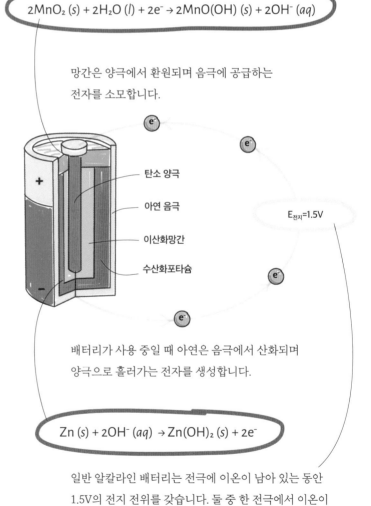

탄소 양극
아연 음극
이산화망간
수산화포타슘

$E_{전지}=1.5V$

가장 흔한 일회용 배터리는
알칼라인 배터리입니다. 염기성인
수산화포타슘(KOH)이 전해질로
쓰이기 때문에 이런 이름이
붙었습니다. 이런 유형의 배터리는
강염기가 환경을 오염시키지 않도록
주의 깊게 재활용해야 합니다.

배터리가 사용 중일 때 아연은 음극에서 산화되며
양극으로 흘러가는 전자를 생성합니다.

알칼라인 배터리의 음극으로는 금속
아연으로 만든 원통이 쓰입니다.
그 안에는 이산화망간(MnO_2)과
수산화포타슘(KOH)로 이루어진
전해질 반죽이 있고, 그 안쪽에
양극인 탄소 막대가 꽂혀 있습니다.

$$Zn\ (s) + 2OH^-\ (aq) \rightarrow Zn(OH)_2\ (s) + 2e^-$$

일반 알칼라인 배터리는 전극에 이온이 남아 있는 동안
1.5V의 전지 전위를 갖습니다. 둘 중 한 전극에서 이온이
다 떨어지면 배터리는 수명을 다합니다.

연료전지

배터리와 마찬가지로 연료전지도 산화환원 반응을 이용해 전기를 만듭니다. 하지만 반응물을 끊임없이 공급해줘야 합니다. 가장 보편적인 연료전지는 우주왕복선에 쓰였던 수소 연료전지입니다.

수소 연료전지에서 기체 수소는 H^+로 산화되며 양극으로 흘러갈 수 있는 전자를 내놓습니다. 산화 과정을 빠르게 하기 위해 음극에 백금(Pt) 촉매를 사용합니다.

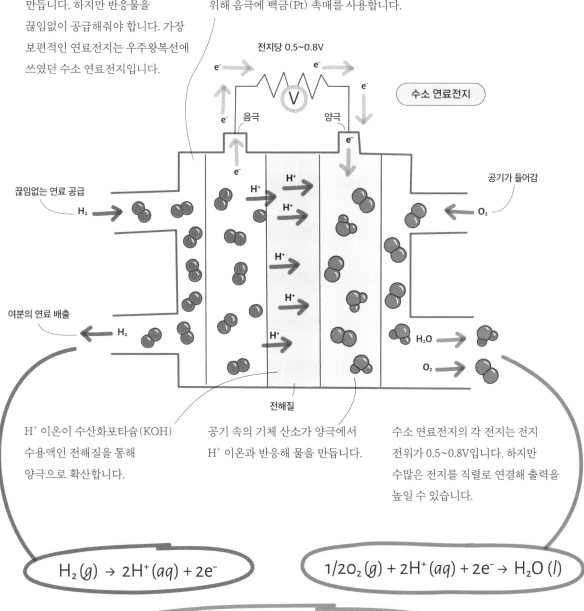

전지당 0.5~0.8V

수소 연료전지

끊임없는 연료 공급

H_2

여분의 연료 배출

H_2

공기가 들어감

O_2

H_2O

O_2

전해질

음극

양극

H^+ 이온이 수산화포타슘(KOH) 수용액인 전해질을 통해 양극으로 확산합니다.

공기 속의 기체 산소가 양극에서 H^+ 이온과 반응해 물을 만듭니다.

수소 연료전지의 각 전지는 전지 전위가 0.5~0.8V입니다. 하지만 수많은 전지를 직렬로 연결해 출력을 높일 수 있습니다.

$$H_2\,(g) \rightarrow 2H^+\,(aq) + 2e^-$$

$$1/2O_2\,(g) + 2H^+\,(aq) + 2e^- \rightarrow H_2O\,(l)$$

$$2H_2\,(g) + O_2\,(g) \rightarrow 2H_2O\,(l)$$

연료전지의 산화환원 반응은 부산물로 물을 만듭니다. 우주왕복선에서는 우주비행사가 이 물을 마셨습니다.

수소 연료전지는 앞으로 현재의 운송 및 가정용 전기 생산 방법을 대체할 전망입니다. 그러나 수소 연료전지가 상업적으로 널리 쓰이려면 먼저 풍부한 수소 공급원을 확보하고 더 저렴한 촉매 재료를 찾아야 합니다.

전해조

볼타전지에서 자발적인 반응이 일어나면 전력이 발생합니다. 전기분해는 외부에서 전해조에
전류를 공급해 비자발적인 산화환원 반응을 일으키는 과정입니다.

비자발적인 반응 일으키기

카드뮴(Cd) 음극과 구리(Cu) 양극으로 이루어진 볼타전지는 표준 조건에서 0.74V의 전지 전위를 만듭니다. 카드뮴이 산화되는 전체 산화환원 반응이 $\Delta G° < 0$으로 자발적이기 때문입니다. 방향이 반대인 반응은 비자발적으로 표준 조건에서 일어나지 않습니다.

만약 전력 공급 장치로 카드뮴-구리 전지에 0.74V보다 큰 전류를 가하면, 전자의 흐름을 뒤집을 수 있습니다. 볼타전지의 비자발적인 반응이 이제 자발적이 된다는 뜻입니다. 이렇게 만든 새로운 전기화학 전지 구조를 전해조라고 부릅니다.

볼타전지의 음극은 전해조의 양극이 됩니다. 이제는 구리가 음극에서 산화되고, 카드뮴이 양극에서 환원됩니다. 산화환원 반응에서 나온 게 아니라 외부에서 공급된 전자는 이 구조에서 양극 쪽으로 흐릅니다.

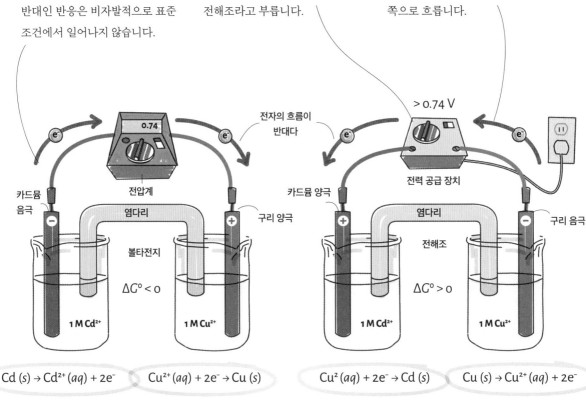

Cd (s) → Cd²⁺(aq) + 2e⁻   Cu²⁺(aq) + 2e⁻ → Cu (s) Cu²(aq) + 2e⁻ → Cd (s) Cu (s) → Cu²⁺(aq) + 2e⁻

Cd (s) + Cu²⁺(aq) → Cd²⁺ + Cu (s) Cd²⁺(aq) + Cu (s) → Cd (s) + Cu²⁺(aq)

전해조의 경우 $E°_{전지} < 0$이고, 전체 산화환원 반응이 비자발적이기 때문에 전류는 만들어지지 않습니다.
따라서 전해조는 외부에서 반응이 일어나는 데 필요한 전자를 공급받아야 합니다. 전해조의 목적은 전력 생산이
아니라 전력을 이용해 상업적으로 중요한 전기분해 과정을 실행하는 것입니다.

전기분해

전기분해는 전류를 이용해 비자발적인 반응을 일으키는 과정을 말합니다. 수소와 산소가 결합해 물을 만드는 반응은 자발적으로, 연료전지가 전기를 만드는 일을 가능하게 해줍니다. 그러나 전해조에 전류를 공급하면 그 반응이 거꾸로 일어나게 할 수 있습니다. 물을 분해해 수소와 산소로 만드는 것이지요.

물의 전기분해는 기체 수소와 산소를 만드는 데 쓰입니다. 황산(H_2SO_4)을 낮은 농도로 첨가해 전해질 용액을 만듭니다.

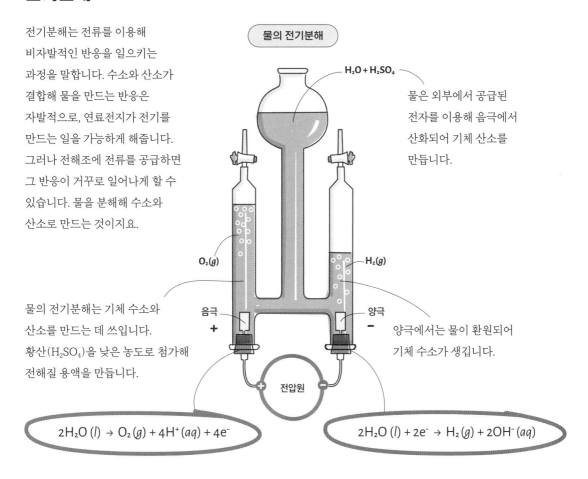

물의 전기분해

$H_2O + H_2SO_4$

물은 외부에서 공급된 전자를 이용해 음극에서 산화되어 기체 산소를 만듭니다.

$O_2(g)$

$H_2(g)$

음극 **+**

양극 **−**

양극에서는 물이 환원되어 기체 수소가 생깁니다.

전압원

$$2H_2O\,(l) \rightarrow O_2\,(g) + 4H^+\,(aq) + 4e^-$$

$$2H_2O\,(l) + 2e^- \rightarrow H_2\,(g) + 2OH^-\,(aq)$$

전기도금

전기분해를 산업에서 활용하는 중요한 사례로 **전기도금**이 있습니다. 금속 표면에 다른 금속을 일정하게 씌우는 것이지요. 이 과정은 자발적으로 일어나지 않습니다.

전해조 안에서 은 이온(Ag^+) 수용액의 은은 숟가락 같은 다른 금속 위에 도금될 수 있습니다.

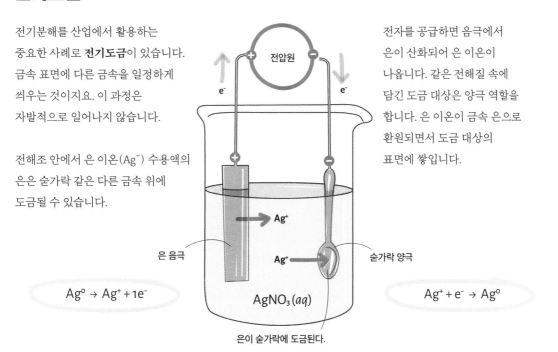

전자를 공급하면 음극에서 은이 산화되어 은 이온이 나옵니다. 같은 전해질 속에 담긴 도금 대상은 양극 역할을 합니다. 은 이온이 금속 은으로 환원되면서 도금 대상의 표면에 쌓입니다.

전압원

e^-

e^-

Ag^+

Ag^+

은 음극

숟가락 양극

$$Ag^o \rightarrow Ag^+ + 1e^-$$

$AgNO_3\,(aq)$

$$Ag^+ + e^- \rightarrow Ag^o$$

은이 숟가락에 도금된다.

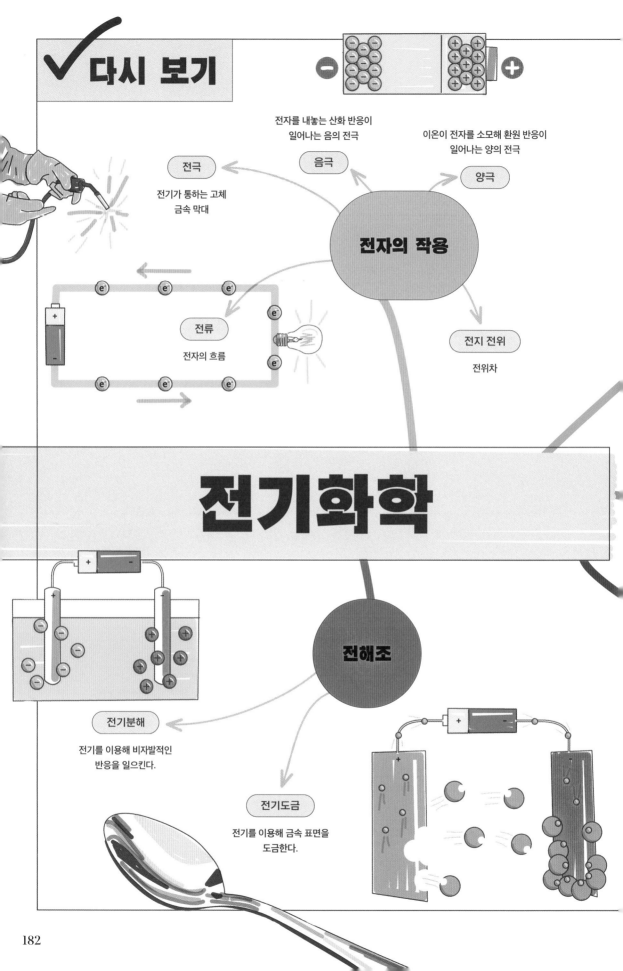

✔ 다시 보기

전자를 내놓는 산화 반응이
일어나는 음의 전극

이온이 전자를 소모해 환원 반응이
일어나는 양의 전극

전극
음극
양극

전기가 통하는 고체
금속 막대

전자의 작용

전류

전자의 흐름

전지 전위

전위차

전기화학

전해조

전기분해

전기를 이용해 비자발적인
반응을 일으킨다.

전기도금

전기를 이용해 금속 표면을
도금한다.

182

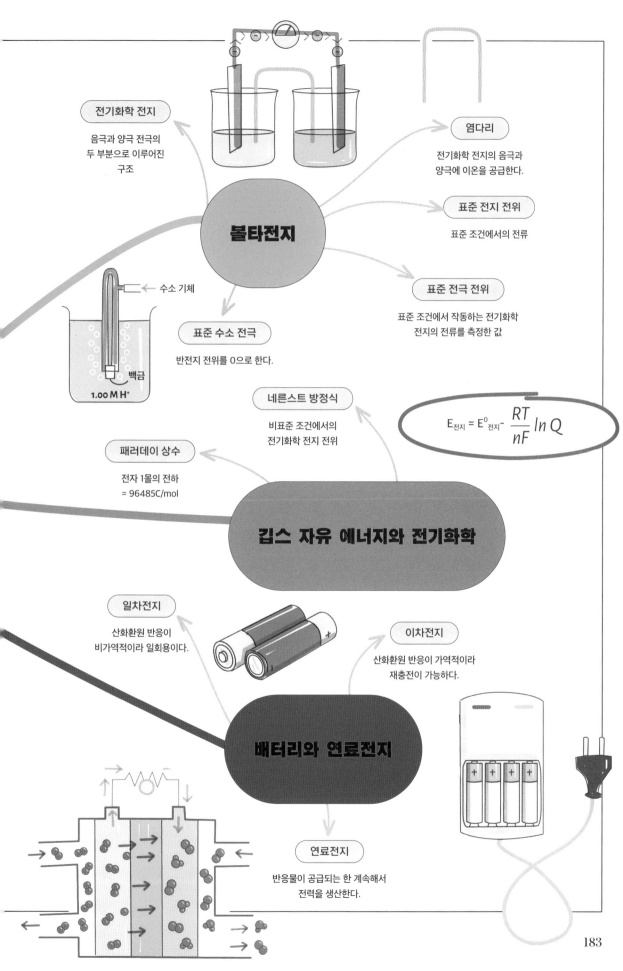

화학 용어 사전

pH

Power of Hydrogen. 수용액의 수소 이온 농도의 로그값에 음수 부호를 붙인 것으로, 물질의 산성과 염기성을 나타내는 수치.

pH 지시약

약산 또는 약염기를 띠며 물에서 이온화가 잘 안 되는 복잡한 유기 분자로, pH가 변할 때 뚜렷한 색을 띤다.

SI 기본 단위

국제단위계International System of Units의 약자로, 물질의 양(몰), 온도(켈빈), 질량(킬로그램), 길이(미터), 전류(암페어), 광도(칸델라), 시간(초)의 7가지 표준 단위로 이루어져 있다.

VSEPR 이론

원자가 껍질 전자쌍 반발 이론. 분자 기하학의 극성 때문만이 아니라 음전하인 원자가전자끼리의 정전기적 반발력을 바탕으로 분자의 형태를 설명한다.

갈바니전지

배터리처럼 두 부분으로 이루어진 전지화학 전지. 자발적인 산화환원 반응이 일어나 전류를 만들어낸다. 볼타전지라고도 한다.

감마 입자

질량과 전하가 없는 고에너지 광자. 불안정한 핵이 방출한다. 사람의 피부를 뚫고 들어와 세포를 손상시킬 수 있다.

게이뤼삭의 법칙
압력 vs. 온도

게이뤼삭의 법칙

기체의 온도와 압력 사이의 비례 관계를 나타내는 수학적 표현.

공유결합

전기음성도가 비슷한 비금속 원자들이 옥텟 규칙을 만족하기 위해 원자가전자를 공유하는 방식으로 이루는 화학 결합.

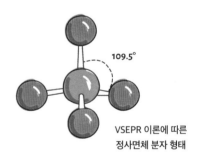

VSEPR 이론에 따른 정사면체 분자 형태

원자핵 주변에서 자유롭게 돌아다니는 전자의 움직임은 금속결합의 기반이 된다.

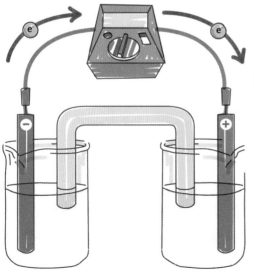

배터리의 작동 원리를 시각적으로 보여주는 갈바니전지의 구조

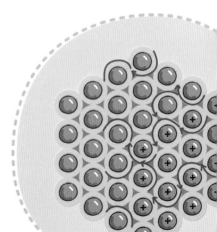

광자

질량이 없는 빛 입자. 진공에서 광속이며, 파동의 형태로 공간을 움직이는 전자기 에너지 덩어리.

금속결합

양전하인 금속 핵과 자유롭게 움직이는 전자의 바다 사이의 정전기적 인력으로 인한 금속 원자의 결합.

기전력

전류가 흐르는 동안 전기화학 전지의 음극과 양극 사이의 전위차.

깁스 자유 에너지

자발적인 반응의 방향뿐만 아니라 물리적 또는 화학적 과정의 변화를 일으키는 능력을 판단하는 양적 기준을 제공하는 화학 퍼텐셜에너지.

동위원소

핵의 중성자 수는 다르지만, 양성자 수가 같아서 원자 번호와 성질이 같은 원소.

몰

어떤 표본 입자 $6.022×10^{23}$(아보가드로수)개를 나타내는 편리한 SI 단위. 정확히 원하는 수의 원자나 분자를 만들거나 화학 반응을 일으킬 수 있게 해준다.

몰농도

용액 1리터에 녹아 있는 물질의 양(몰수)을 나타낸다. 균질한 혼합물 또는 용액에 있는 입자의 수를 나타낼 때 유용하다.

몰 질량

물질 1몰의 질량을 g으로 나타낸 것.

물리적 성질

얼음이 녹는 현상, 장미의 향기, 바다의 색 등 본질을 바꾸지 않으면서 측정하거나 관찰할 수 있는 물질의 성질.

물질

공간을 점유하고 있는 물리적 우주에서 원자로 이루어진 모든 것. 특정한 에너지의 정지질량을 갖는다.

밀도

물질의 성질 중 하나로 단위 부피당 질량으로 정의한다.

반감기

방사성 물질의 절반이 안정적인 형태로 변하는 데 필요한 시간. 연대 측정과 같은 분야에 활용된다.

발열반응

엔탈피 변화가 음의 값인 물리적 또는 화학적 반응. 반응이 일어날 때 열에너지를 방출한다.

몰농도는 용액을 제조할 때 활용된다.

베타 입자

핵변환 때 불안정한 핵이 방출하는 전자로, 음전하를 띤다.

보일의 법칙

기체의 압력과 부피 사이의 반비례 관계를 나타내는 수학적 표현.

볼타전지

갈바니전지 참고.

분자

전기음성도가 비슷한 원자 2개 이상이 원자가전자의 공유로 공유결합을 형성해 영구적으로 결합한 화학 단위.

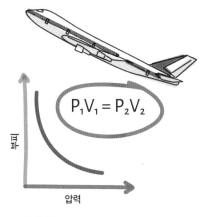

$$P_1 V_1 = P_2 V_2$$

부피

압력

보일의 법칙
압력 vs. 부피

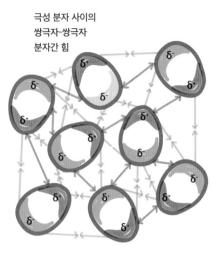

극성 분자 사이의
쌍극자-쌍극자
분자간 힘

산성비

pH가 5.6보다 작은 비. 공기 중에서 물과 섞이면 산성이 되는 오염 물질이 원인이다.

산화

화학 반응이 이루어질 때 물질이 전자를 잃는 것.

샤를의 법칙

기체의 온도와 부피 사이의 비례 관계를 나타내는 수학적 표현.

선 스펙트럼

원소가 빛을 방출하거나 흡수할 때 스펙트럼에 나타나는 특징적인 색과 에너지. 스펙트로미터를 이용해 볼 수 있다.

수소결합

F와 O, N 원자를 포함한 분자와 결합한 H 원자와 다른 분자 사이의 분자간 인력.

아보가드로의 법칙

기체의 부피와 몰로 나타낸 양 사이의 비례 관계를 나타내는 수학적 표현.

분자간 힘

분자의 극성에 따라 달라지는 인력. 분자간 인력은 공유결합으로 이루어진 분자를 한데 묶어 놓는다.

브라운 운동

기체 입자의 완전히 무작위적이고 끊임없는 움직임.

산

다른 물질에게 양성자를 제공하는 물질. 수용액이 신맛이 나게 하며, pH는 7보다 작다.

산성 산화물

탄소와 황, 질소와 같은 몇몇 비금속의 산화물. 보통 오염된 공기에 기체 형태로 존재한다. 빗물과 섞여 산성을 띠게 한다.

수소

헬륨

탄소

전자가 가진 양자화된 에너지를 보여주는 선 스펙트럼

알파 입자

핵변환 때 불안정한 핵이 방출하는 헬륨 원자로, 양전하를 띤다.

압력

기체 입자가 용기 벽의 단위 면적에 충돌하며 가하는 힘.

양극

전기화학 전지에서 환원 반응이 일어나며 전자를 소모하는 전극.

양성자

양전하를 띤 아원자 입자. 질량이 1.00728amu이고, 원자핵 안에 있다.

구연산은 레몬이 신 이유다.

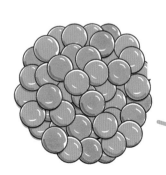

알파 입자는 헬륨 원자다.

샤를의 법칙
부피 vs. 온도

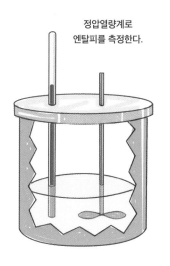

정압열량계로
엔탈피를 측정한다.

양자수

오비탈의 에너지와 형태, 기타
성질을 정의하는 수.

양쪽성 물질

물처럼 수용액에서 양성자를
받아들이거나 제공해 염기와 산이
모두 될 수 있는 물질.

엔탈피

계와 환경에서 물리적 또는 화학적
반응이 일어나는 동안 이동한
열에너지.

엔트로피

어떤 계의 에너지가 얼마나 퍼져
있는지를 나타내는 열역학적 척도.
흔히 계에 속한 입자의 무작위성과
자유도와 연관된다.

열량 측정

물리적 또는 화학적 변화가
일어나는 동안 계와 환경 사이에서
이동한 열에너지의 정확한 양을
측정하기 위해 사용하는 실험 기법.

열역학

물리적·화학적 과정에 동반하는
에너지 변화, 그리고 특정 환경
조건에서 물리적·화학적 변화의
자발적인 성질을 다루는 과학 분야.

염기

다른 물질로부터 양성자를
받아들이는 물질. 수용액이 쓴맛이
나게 하며, pH는 7보다 크다.

오비탈

핵을 둘러싸고 있는 3차원의 전하
구름 영역으로, 원소의 공간 안에서
전자가 발견될 수 있는 확률이 90%
인 곳을 모아 나타낸 것이다.

옥텟 규칙

원자가 다른 원자와 화학 결합을
이룰 때 원자가전자를 얻거나
잃거나 공유함으로써 최외곽 에너지
껍질의 전자를 8개로 만들려는 성질.

완충 효과

약산이나 약염기 그리고 그 염으로
이루어진 수용액은 강산이나
강염기를 첨가했을 때 pH 변화에
저항하는 능력이 있다.

원자 오비탈의 3차원 구조

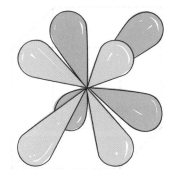

액체에 녹는 고체의 용해도는
온도에 따라 증가한다.

용액

두 가지 이상의 물질이 전체적으로
고르게 퍼져 있는 균질한 혼합물.

용해도

특정 온도에서 용매에 녹을 수 있는
물질의 최대량. 온도뿐만 아니라
물질과 용매의 화학적 성질에 따라
달라진다.

원자

모든 물질의 기본 단위. 양성자와
중성자가 뭉친 핵과 그 주변의 거의
텅 빈 공간에 존재하는 전자로
이루어져 있다.

원자가전자

원자의 최외곽 에너지 껍질에 있는
전자. 원소의 화학적 성질에 큰
영향을 끼친다.

원자량

어떤 원소의 질량을 모든
동위원소까지 포함해 자연에
존재하는 비율에 따라 평균 낸 값.
원소의 일반적인 평균 질량으로,
원자 질량 단위(amu)로 나타낸다.

원자 번호

주기율표에서 원소의 위치를 결정하는 특징적인 성질로, 핵의 양성자 수에 의해 정해진다.

음극

전기화학 전지에서 산화 반응이 일어나며 전자를 생성하는 전극.

이상기체 법칙

기체의 네 가지 주요 특징인 압력, 온도, 부피, 몰수 사이의 관계를 나타내는 수학적 표현.

이온결합

전하가 반대인 이온 사이의 강력한 정전기력. 금속과 비금속 원자 사이의 원자가전자가 이동하면서 생긴다.

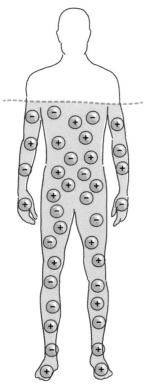

전해질은 건강에 매우 중요하다.

이온화 복사

원자와 분자의 전자를 제거할 수 있는 전자기 복사(빛). 생물의 조직 손상을 일으킨다.

자발적 과정

일단 시작되고 나면 꾸준한 외부의 간섭 없이도 계속 이루어지는 물리적, 화학적, 또는 핵의 변화.

적정

중화반응을 통해 산성 또는 염기성 물질의 정확한 농도를 파악하는 정량적 분석 기법.

전극

전기화학 전지의 음극에서 양극으로 전자를 이동하게 하는 데 쓰이는 전도체. 보통 금속이다.

전기음성도

원자가전자를 끌어당기는 능력. 주기율표의 원소는 0.7~4.0의 값을 갖는다.

전기화학

전극과 전해질의 접촉면에서 산화환원 반응이 일어나는 동안 생기는 화학에너지와 전기에너지의 상호 교환을 연구하는 화학 분야.

전자

원자핵 주변의 빈 공간에 있는 음전하 아원자 입자. 전자는 원소의 화학적 성질에 큰 영향을 끼친다.

전자 친화도

원자가 전자를 쉽게 받아들이는 정도. 원소의 화학 결합 성질을 예측할 수 있게 해준다.

틴들 효과에 따라 공기 중의 먼지 입자는 빛을 산란시킨다.

전해질

소금처럼 물에 녹으면 이온화해 전기를 전도하는 용액이 되는 물질.

주기율표

원자 번호와 주기적인 화학적 성질을 바탕으로 원소를 배열한 표.

중성자

전하가 중성인 아원자 입자. 질량이 1.00866amu이고, 원자핵 안에 있다.

중화

산과 염기 사이의 화학 반응으로 생성물로 물과 이온화합물을 내놓는다.

질량 작용의 법칙

일정한 온도에서 생성물과 반응물의 농도 비율은 항상 같다. 가역적인 화학 반응의 평형상수를 수학적으로 정의한다.

질량

어떤 물체가 갖는 물질의 양을
나타내는 척도. 위치와 무관하며,
kg을 단위로 쓴다.

탄성 충돌

기체 입자 사이의 충돌. 에너지를
교환할 수 있지만, 전체 에너지양은
보존된다.

틴들 효과

콜로이드 혼합물이나 공기 중에서
무작위로 운동하는 나노미터 단위의
입자에 빛이 산란하는 현상.

패러데이 상수

전자 1몰이 갖는 전하를
쿨롱(C)으로 나타낸 수.
96485C/mol이다.

평형상수

질량 작용의 법칙에 따르면,
일정한 온도에서 동적 평형 상태에
있는 가역적인 화학 반응의
경우 생성물과 반응물의 비율은
항상 일정하다. 이 일정한 값을
평형상수라 한다.

흡열반응과 발열반응은 열 흐름의
방향을 나타낸다.

핵

원자의 무거운 핵으로 양성자와
중성자로 이루어져 있다. 사실상
원자 전체의 질량과 같다.

핵결합에너지

원자핵을 양성자와 중성자로 쪼개는
데 필요한 에너지. 핵을 하나로
뭉치게 하는 에너지와 같다.

핵력

양성자와 중성자 같은 아원자
입자가 서로 매우 가까이 있을 때
작용하는 매우 강한 인력.

혼합물

2개 이상의 성분을 섞어 놓은 물질.
하지만 거름이나 증류, 증발과 같은
물리적인 방법으로 분리할 수 있다.

화학

화학의 기초 분야의 하나로 물질에
관한 지식을 탐구한다. 물질의 성분,
구조, 변화뿐만 아니라 다른 물질과
에너지와의 상호작용도 다룬다.

화학적 성질

어떤 물질이 같은 원소를 포함한
다른 물질로 화학적인 변환을 겪을
때 측정하거나 관찰할 수 있는
물질의 성질.

핵결합에너지는 핵을
한 덩어리로 유지한다.

화학적 평형

화학 반응의 특정 상태. 반응이
일어난 뒤 특정 시간이 지나면
도달한다. 정방향과 역방향의 반응
속도가 같다. 이 상태에 도달하면
생성물과 반응물의 농도는 변하지
않는다.

화합물

일정 성분비의 법칙에 따라 특정한
방식으로 화학적인 결합을 할 수
있는 2개 이상의 원소로 이루어진
순수한 형태의 물질.

환원

화학 반응이 이루어질 때 물질이
전자를 얻는 것.

흡열반응

엔탈피 변화가 양의 값인 물리적
또는 화학적 반응. 반응이
일어나려면 열에너지가 필요하다.

지은이

알리 세제르 Ali Sezer

터키에서 태어났으며,
네브래스카대학교에서 화학 및
재료공학 박사 학위를 취득하고
펜실베이니아 캘리포니아대학교의
화학과 교수로 재직하고 있다. 고분자
화학을 포함한 다양한 화학 분야를
가르쳐왔으며, 화학 교육 자료
개발에도 적극적으로 참여해왔다.

옮긴이

고호관

서울대학교 과학사 및 과학철학 협동 과정에서
과학사로 석사를 마치고 《동아사이언스》에서
과학 기자로 일했다. SF와 과학 분야의 글을
쓰거나 번역한다. 지은 책으로 SF 앤솔러지
『아직은 끝이 아니야』(공저)와 『우주로 가는 문,
달』『술술 읽는 물리 소설책 1~2』『누가 수학 좀
대신 해 줬으면!』 등이 있으며, 『하늘은 무섭지
않아』로 제2회 한낙원과학소설상을 받았다.
옮긴 책으로 『수학자가 알려주는 전염의 원리』
『인류의 운명을 바꾼 약의 탐험가들』『뻔하지만
뻔하지 않은 과학지식 101』『인류를 식량
위기에서 구할 음식의 모험가들』 등이 있다.

태어난 김에 화학 공부

한번 보면 결코 잊을 수 없는 필수 화학 개념

펴낸날 초판 1쇄 2024년 6월 14일

초판 3쇄 2024년 9월 10일

지은이 알리 세제르

옮긴이 고호관

펴낸이 이주애, 홍영완

편집장 최혜리

편집2팀 박효주, 홍은비, 이정미

편집 양혜영, 문주영, 장종철, 한수정, 김하영, 강민우, 김혜원, 이소연

디자인 박소현, 김주연, 기조숙, 윤소정, 박정원

마케팅 정혜인, 김태윤, 김민준

홍보 김철, 김준영, 백지혜

해외기획 정미현

경영지원 박소현

펴낸곳 (주)윌북 **출판등록** 제2006-000017호

주소 10881 경기도 파주시 광인사길 217

홈페이지 willbookspub.com **전화** 031-955-3777 **팩스** 031-955-3778

블로그 blog.naver.com/willbooks **포스트** post.naver.com/willbooks

트위터 @onwillbooks **인스타그램** @willbooks_pub

ISBN 979-11-5581-724-7 (04400)

979-11-5581-721-6 (세트)